남자를 미치게 하는 남미

남자를 미치게 하는 남미

초판 1쇄 2013년 6월 13일
지은이 김다니엘
펴낸이 김성희
펴낸곳 맛있는책

출판등록 2006년 10월 4일(제25100-2009-000049호)
주소 서울 광진구 중곡동 639-9 동명빌딩 7층
전화번호 02-466-1207
팩스번호 02-466-1301
전자우편 candybookbest@gmail.com

탱고와 축구와 디녀의 땅,
남미를 발가벗기다

남자를 미치게 하는 남미

김다니엘 지음

맛있는책

이별 후에 더 큰 고통을 느끼는 쪽은
아무래도 좀 더 많은 기억을 가지고 있는 사람일 것이다.

그 기억들을 완전히 덮어줄 만한 새로운 기억들이
조금씩 쌓여간다면 아픔도 자연스레 사라지지 않을까?

우리는 여행이라는 쇼핑을 통해 기억을 구입하고,
아마도 그 기억을 고통을 지우는 데 사용하는 것인지도 모른다.

우리나라 출판업계에서 이름이 알려지지 않은 사람이 여행 에세이 같은 책을 내는 것은 결코 쉬운 일이 아니다. 하지만 나는 꽤 오래 전부터 나의 남미 여행을 글로 남겨야겠다고 생각해왔다. 그런 생각을 갖게 된 건 아직 여행이 시작되지도 않은 시점이었고, 예약했던 브라질 상 파울루행 항공권을 취소한 날이기도 했다.

누가 뭐라고 해도 나는 내 글에 자신이 있었다. 달필이라고 할 수 없다는 것은 잘 알고 있었지만 그다지 달리는 필력이 아니라는 것도 역시 알고 있었기 때문이다. 그저 그런 여행 에세이를 읽을 때마다 두 가지 생각이 머릿속에 떠올랐다. '내가 뭘 어떻게 써도 이것보단 잘 쓰겠다.'라는 것과 '가지고 있는 이름 덕분에 책을 낼 수 있는 사람들이 부럽다.'는 것이었다.

그렇다면… 글을 한 번 써보는 것으로 시작하자.

더 잘할 수 있을 것 같다는 검증되지 않은 자만심 가득한 내 마음이, 알려진 이름으로 책을 내는 사람들을 부러워하는 마음보다 조금 더 커지는 순간에 이 한글 파일이 책으로 묶일 수 있을 것이다. 그런 날이 오지 않더라도 일단은 글 쓰는 것을 주저해서는 안 된다. 이 책을 출판해줄 곳이 없다면 내 돈으로라도 찍어내리라.

국내에 발간된 여행 에세이를 읽을 때마다 항상 의아한 마음이 있었다. 내가 읽어본 수십 권의 책 어디에서도 에로스적 로맨스가 언급되어 있지 않았다. 작가의 성별이나 나이를 떠나 여행지에서의 만남은 모두 아가페적인 사랑으로 포장되어 있었다. 대개 가엾은 아이들을 보고 마음이 아파 먹을 것을 가져다주지 않고는 견딜 수가 없었다는 얘기가 주를 이룬다. 가끔 젊은 남성 작가들의 글에서 우연히 '봄'을 파는 여자를 만나 이런저런 얘기를 나누곤 친구가 되었다는 에피소드들을 접할 때도 있다. 하지만 그런 얘긴 진실이 아니라는 것에 전 재산을 걸 수 있다. 거리의 여자와 친구가 되고 싶어 안달하는 사내가 있을 리 없고, 거리의 여자와 친구가 되고 싶어 안달하는 사내에게 친구가 되어줄 만큼 마음이 여유로운 거리의 여자가 있을리 없다.

뭔가 솔직하지가 않은 것이다. 여행 에세이라고 하지만, 중고생이 쓴 체험학습 일지와 다를 게 없는 듯이 대부분이다. 여행지에서의 로맨스는 누구나 한번쯤 꿈꿔 보는 일이 아닌가? 물론 그런 만남이 여행의 전부가 될 수는 없는 것이고, 세상 모든 여행자들에게 주어지는 흔한 선물도 아니겠지만, 애써 피하고 싶다거나 감춰야만 하는 사건, 사고는 더더욱 아니지 않은가라는 생각이 들었다.

내게 어떤 로맨스가 다가온다면 나는 그 모두를 담담하게 이야기하고 싶은 마음이 들었다. 겨우 그 정도의 변화를 주는 것만으로도 꽤나 신선하고 흥미로운 여행 에세이가 될 수 있겠다는 확신에 사로잡혔다.

자유로운 여행기를 써보겠다는 생각을 갖기 훨씬 더 오래 전부터 남미로 떠나고 싶은 마음을 갖고 있었다. 처음 남미를, 아니 그보다 좀더 정확하게 아르헨티나를 여행하고 싶다고 느낀 것은 내 나이 열셋이던 1994년 여름이었다. 사건은 '94 미국 월드컵 아르헨티나 대 그리스 전, 마라도나가 승부에 쐐기를 박는 세 번째 골을 집어넣었을 때 일어났다. TV에선 그의 골에 환호하는 아르헨티나 응원단을 보여주었는데 내 눈에는 그 수많은 사람들 중 오직 세 명의 미녀들만이 선명했다. 아르헨티나 유니폼을 입고 어깨동무를 한 채 즐거워하던 세 여자는 우열을 가릴 수 없을 정도로 뛰어난 미모를 가지고 있었다. 이에 축구를 좋아하는 여자나 아르헨티나 여자는 대개 다 아름답다는 환상을 갖게 된 것이다.

그럼 내게는 아르헨티나 미녀들을 두 눈과 카메라에 담아오는 것만으로도 충분히 남미 여행의 가치가 있을 것이다. (이게 정말 열세 살 남자아이의 생각이었다.) 그리고 커가면서 경험한 몇 번의 여행을 통해 남미 여자들이 동양인 남자들에게 느끼는 흥미와 매력에 대해 알고 있었기에 이 여행이 더없이 멋진 추억이 될 수 있을 거라는 확신이 들었다. 그런 확신만으로 다섯 달의 남미 여행을 계획하게 됐다. 계획이라고 하기에는 정해 놓은 것이 너무나 없었고, 하루하루의 일정도 전날 밤 침대 위에서 생각하기로 했지만 어쨌든 나는 남미를 여행할 것이고, 그 여행을 글과 사진으로 바꿔올 것이다.

이 책에 담긴 글이 엄청난 감동이나 특별한 교훈, 정확한 정보 같은 것을 줄 수는 없겠지만, 읽는 사람들에게 어느 정도 재미와 의미를 줄 수 있다면 더없이 즐거울 것 같다. 아무래도 여성보다 남성 독자들에게 편히 읽힐 만한 책이 될 것 같으나 남미라는 대륙과 남자라는 동물을 좀 더 수월히 읽고 싶은 여자들에게도 적잖은 도움이 될 수 있을 것이다. 극히 개인적인 사고에서 비롯된 어떤 표현들이 불쾌하게 느껴질 수도 있을 거다. 하지만 그런 불편함 역시 이 책이 세상에 나와 있는 수많은 여행 에세이들과 다르기 때문에 발생하는 하나의 가치일 수 있다고 믿는다. 마지막 페이지를 덮었을 때 단 한 줄의 글, 한 장의 사진이라도 여러분의 마음에 남아 있길 바라면서 이제 이야기를 시작하겠다.

03

키스와 축구에 미친 땅

04

라틴, 공기부터 뜨거운

01

남미가 나를 불렀다

30시간의
비행

네 번의 기내식과 다섯 편의 영화

인천공항에서 체크인을 하며 이런 저런 생각을 해보았다. 여행은 목적지에 도착하는 순간 시작되는 것일까? 비행기에 오르는 순간 시작되는 것일까? 아니, 여행은 문을 열고 집을 떠나는 바로 그 순간부터 시작되는 것이 아닐까?

볼넷으로 걸어 나가든, 2루타를 치고 내달리든 그 출루의 기쁨이 배가 되려면 무사히 홈에 돌아와야 한다. 그렇다. 우리는 떠나기 위해서 짐을 꾸리지만, 돌아오기 위해서도 짐을 꾸린다. 결국 모든 여행은 제자리로 돌아오기 위함이고, 집을 떠났다가 다시 집으로 돌아올 때 비로소 하나의 여정이 완전히 끝났다고 할 수 있지 않을까?

그 여정의 시작을 가지고 이야기를 꺼내보려 한다.

서른 시간이나 비행기를 타는 건 정말 미친 일이라고 생각했다. 몇 해 전, 캐나다 토론토로 영어 공부를 하러 갔을 때 열대여섯 시간을 날아간 적이 있지만, 남미로 향하는 건 물리적으로나 심리적으로나 그것의 두 배 이상 되는 힘든 비행이 될 것 같았다. 하지만 그것이 힘들 것이라는 걸 알았기에 역설적으로 더욱 더 남미 여행을 서두를 수밖에 없었다. 내게 있어, 유럽은 오십을 먹고, 육십을 삼킨 후에도 큰 어려움이 없이 갈 수 있는 그런 곳이기 대문이다.

하지만 긴 비행만큼이나 걱정되는 것이 있었다면 그것은 바로 남미의 치안이었다. 글쎄, 단순히 치안 때문이라고 얘기할 것은 아니고, 이 여행이 내 인생 처음으로 떠나보는 원정 여행이기 때문이었다. 물론 해외여행이라는 건 모두 원정길에 오르는 것이지만, 그런 것을 얘기하자는 게 아니다. 적어도 내 기준으로는, 홍콩이나 일본, 중국 등의 아시아 국가를 여행하는 것은 우리나라를 돌아보는 것처럼 마음이 편하게 느껴지므로 홈에서 경기를 갖는 것과 마찬가지이다. 단순히 여행이 주는 피로감과 소통의 어려움 정도를 제외하면, 그다지 어려울 게 없는 것이다. 그렇다면 미국, 캐나다나 호주 혹은 영국을 비롯한 유럽의 나라들을 여행하는 것은 일종의 중립 경기와 같다. 거리상으로는 아시아에 비할 바가 아닐 만큼 멀지만, 영어가 상대적으로 잘 통하고, 현지에 살고 있는 한국인들이 적지 않기 때문이다. 반면에 아프리카와 남미는 그렇지가 않다. 이것은 분명한 어웨이 게임이다. 모든 것이 낯설고, 익숙하지 않다. 그렇기에 원정 경기는 그 성

립 자체만으로 부담감을 준다. 분명히 크고 작은 어려움이 따를 것이고, 좌절하는 순간 역시 올 것이라는 걸 알고 있지만 이미 시작된 이 여정을 주저하지는 않을 것이다. 원정 경기를 마치고 나면 단순한 경험치 이상의 성장을 할 수 있다는 확신이 서기 때문이다. 이에 대한 근거를 찾을 수는 없지만…

먼저, 열두 시간을 날아 독일 프랑크푸르트에 도착했다. 다행히 옆 좌석이 비어 있어서 팔걸이를 걷어 올리고 옆으로 비스듬히 누워 비즈니스석을 탄 것처럼 편안히 올 수 있었다. 공항에선 서너 시간을 기다리며 여러 사람과 이야기를 나눴다. 아르헨티나에서 여러 번 촬영을 한 적이 있다는 미국인 사진작가 게리 할아버지가 먼저 말을 건네 왔다. 게리는 또 다른 작품을 찍으러 남아프리카공화국으로 떠난다면서 내 여행에 행운을 빌어줬다. 아주 잠깐 얘기를 나누었을 뿐인데, 말이 참 잘 통하는 상대여서 그랬는지 마음이 한결 편해졌다. 아르헨티나 브에노스 아이레스에 사는 세실리아와 칠레 산티아고에 사는 베르나르도와도 한 시간 가까이 얘기를 나눴다. 둘은 내 얘기를 들은 후에 서로 말을 주고받으며 자주 큰 소리로 웃었다. 이럴 때는 무슨 이야기를 하고 있는지 알 수 없으니 저들의 웃음을 기분 좋게 받아들이기 어렵다. 몇몇 단어를 조합해 토았을 때 "너 여행하러 왔다고 하면서, 사실은 남미에서 일 할 생각 아냐?" 같은 말을 하는 것 같았지만 추측에 그칠 뿐이다. 만약에 그렇다 하더라도 다 내 하찮은 스페인어 실력에서 비롯된 상황이라고 생각하니 크게 불편하지는 않았다. 베르나르도는 칠레에 오면 꼭 연락하라며 이메일 주소를 적어 주었다. 괜찮은 일자리라도 하나 만들어줄 생각인가 보다.

이제 다시 열다섯 시간의 비행을 더 해야 한다. 비행 청소년으로 살아보지 못해 아쉬웠던 학창시절에 대한 1%의 아쉬움이 채워지고도 남을 만큼 아주 긴 비행이 될 것이다. 탑승을 하고 보니 옆자리에 앉아 있는 귀여운 꼬마가 내게 호기심을 보인다. 구아달루뻬라고 하는 네 살배기 아르헨티나 여자 아이였다. 글쎄 모두가 그런 것은 아니겠지만, 일단 아이들은 피부색만으로 사람을 경계하지는 않는다고 생각한다. 낯설고, 익숙하지 않아 긴장할 수는 있어도, 저 사람의 피부색이 나와 다르다는 사실은 신기하고 흥미로운 것이지 미리 어떤 선을 그어둘 필요는 없다고 생각하는 듯하다.

사실 외국 여행을 하면서 아이들과 짧은 시간 내에 가까워진 경우가 많았다. 아이들은 피드백을 좋아한다. 구아달루뻬가 무슨 이야기를 중얼거리면, 나는 그 말을 알아듣지 못해도 그 중얼거림이 나를 향한 게 아니었어도 매번 반응을 보이고 추임새를 넣었다. 그런 모습을 보고 흥미가 생겼는지 옆에 있던 사내아이도 내게 말을 걸기 시작한다. 구아달루뻬보다 두 살 어린 동생 니꼴라스였다. 니꼴라스는 열다섯 시간의 비행 동안 거의 서른 번이나 "올라?(안녕?)"라고 물었다. 물론 나도 그때마다 "올라? 꼬모 에스따스?(안녕? 기분 어때?)"라고 답해주었고. 내게는 그 둘이 처음으로 만난 아르헨티나 친구였던 셈이다.

우리는 공항에서 함께 사진을 찍고 헤어졌다. 이 귀여운 남매가 행복하고 건강하게 자라기를 빌었다. 특히 니꼴라스는 천식이 있는지 갑자기 숨을 몰아쉬기도 하고, 아버지가 대어주는 호흡기에 의존하는 모습이 보여 더욱 마음이 쓰였다.

무작정 좋았던 그곳,
브에노스 아이레스

나는 꽤 오래 전부터 브에노스 아이레스가 좋았다. 특별한 이유 같
은 게 있는 건 아니다. 그리고 무언가를 좋아함에 있어 이런저런 이
유가 필요하다고 생각하지도 않는다. 그냥 좋은 공기라는 뜻의 이름
도 좋고, 그 어감도 좋고, 유럽과 남미가 섞여 있는 듯한 특유의 분
위기도 좋다. 그래서 남미 여행을 계획했을 때 가장 처음으로 생각
한 목적지가 브에노스 아이레스였다. 물론 비행기를 타지 않고, 버
스로 이동하더라도 하루 내에 브라질 남부지역, 우루과이, 파라과
이, 칠레 등을 갈 수 있다는 매우 현실적인 이점도 있었다. 물가를
생각하면 페루나 볼리비아의 한 도시를 선택해야 했지만, 앞으로 모
든 것을 혼자 해결해야 하는 내게 치안에 좀 더 많은 우려가 있는 두
나라 중 한 곳에서 남미 여행을 시작한다는 건 좀 더 용기가 필요한
일이었다.

우선은 브에노스 아이레스에서 두어 달 정도 스페인어를 공부하고, 그 후 제대로 된 여행을 도모하기로 했다. 물론 지금의 내 스페인어 실력만으로도 별 무리 없이 즐거운 여행을 할 수 있겠지만, 단순히 궁금한 것을 묻고 그에 대한 답을 얻는 것에 그치는 대화를 하고 싶지는 않았다. 아주 얕은 수준이라고 해도 조금이라도 인간적인 교류를 하고 싶었기 때문이다(물론 남녀 사이에 벌어지는 그런 이야기 같은 것도 포함해서). 일단 한국에 있을 때 알아본 벨그라노 대학교에 가서 2개월 집중 스페인어 코스를 등록했다. 두 달 동안 스페인어를 배우고, 아르헨티나와 브에노스 아이레스에 대해 알아갈 것이다. 그리고 함께 공부하게 되는 친구들과 뜻이 맞는다면 어학 과정이 끝난 뒤, 남미의 다른 나라들을 같이 여행할 수도 있을 것이다. 비용을 지불하고, 학교를 통해 홈스테이 가족을 소개 받았다.

오늘부터 적어도 두 달은 세사르 할아버지와 일다 할머니와 함께 생활하게 된다. 두 분 다 아르헨티나 사람이지만, 가족의 혈통은 스페인으로부터 왔다고 하셨다. 지금 생각하건대, 나의 아르헨티나 체류가 좀 더 길어지고, 다른 남미 국가로의 여행이 미루어진다면 아마도 두 분의 영향 때문일 가능성이 높다. 이 분들을 알게 된 지 얼마 지나지 않았지만, 시간으로는 설명할 수 없는 그런 유대가 생겨나고 있음을 느낀다. 아무런 연고도 없이 혼자 떠나온 상황에서 가족과 집이 생긴 셈이니 섣부른 착각이라고 해도 이런 기분은 나쁘지 않다.

처음으로 맞는 토요일 아침에 조금 일찍부터 집밖을 나섰다. 어디를 갈까 특별히 목적지를 정하지는 않았고, 우선은 집 주위에서 가까운 벨그라노와 빨레르모 바리오를 돌아볼 생각이었다(바리오는 우리나라의 '동'과 비슷한 개념으로 브에노스 아이레스 시에는 48개의 바리오가 있다). 아직 집에서 가장 가까운 지하철역이 파악되지 않아서 거리를 지나는 사람들에게 길을 물어야 했다. 아르헨티나인으로 보이는 여자 세 명이 지나가기에 어떻게 지하철을 탈 수 있는지 물었다. 그런데 얘기를 나누어 보니 아르헨티나 사람들이 아니라 브라질에서 온 관광객들이었다.

여행을 하면 길을 물어야만 하는 때가 · 반드시 온다. 나에게는 여행을 하면서 길을 잃는다는 것이 너무나 자연스러운 일이기 때문에 그것이 큰 불안함을 주지는 않는다. 모든 것이 낯선 게 당연하므로 호들갑스럽게 당황하기보다는 그 낯선 거리 풍경들마저 하나하나 여유 있게 즐기는 편이 좋지 않을까 생각한다. TV나 책에 소개되지 않은 대단한 명소 같은 게 숨어 있을 가능성은 희박하지만 예쁜 까페나 운치 있는 골목길 정도는 홀연히 나타나 줄 수도 있으니.

하지만 헤매는 시간이 생각보다 길어지고, 점점 더 진해지는 낯선 풍경들이 걱정거리로 다가온다면, 당연히 주위 사람들에게 길을 물을 수밖에 없다. 그런 상황에서 아무에게나 길을 묻는 것보다는 질문자 후보군을 설정, 파악하여 접근할 수 있다면 조금이라도 나은 답변을 들을 수 있다. 지금까지의 경험으로는 남자든 여자든 동성보다는 이성에게 길을 묻는 편이 좀 더 친절하고 상세한 답변을 들을 확률이 높다. 그리고 애인 사이로 보이는 남녀 커플에게 물을 경우에도 따뜻한 피드백을 얻을 수 있다. 뭐랄까… 사람이라면, 남자친구나 여자친구 앞에서 냉정하고 쌀쌀한 모습을 보이기보다는 조금이라도 배려심 있고, 인간적인 모습을 보여주고 싶은 마음이 있기 때문일 거다. 그런 당연한 심리를 고맙게 활용하는 셈이다. 또 한편으로는 같은 입장에 놓인 여행자들에게 도움을 청하는 것도 좋다. 아무래도 여행자와 여행자 사이에는 어떠한 공감대가 형성되어 있기 때문에 본인들 역시 낯선 상황일지라도 함께 길을 찾아봐 주려는 마음의 여유가 있을 수 있다.

다시 브라질 관광객들과의 얘기로 돌아간다. 평소의 나는 넉살 같은 게 거의 없는 편이지만 여행지에서만큼은 다르다. 낯선 사람들과의 소통을 피하지 않고, 상대방의 출신지나 관심사 등에 대해 내가 아는 것이 있다면 하나라도 더 주절주절 꺼내 놓으려 애쓴다. 정말 확실하게 잘 알고 있는 것이 아니라도 좋다. 뭐든 좋으니 어디서 주워들은 것이라도 대화를 이어가는 데 쓸 수 있다면 그걸로 충분히 훌륭하다.

나는 캐나다에서 브라질 친구 키코와 함께 살았던 추억을 되짚어 브라질 음식, 브라질 도시, 브라질의 모국어인 포르투갈어 단어들, 평소에 알고 있던 축구팀들까지 다 늘어놓았다. 밑천이 드러날 때까지 다 꺼냈더니, 브라질 친구들이 놀라기 시작한다. 사실 조금만 생각을 해보면 그들이 놀라는 게 당연하다. 브라질 사람들에게 한국이라는 나라와 한국인이라는 사람들이 낯설고 잘 알려지지 않은 만큼, 그와 비례해서 한국 사람들도 브라질이라는 나라에 대해 잘 모를 것이라고 생각하기 때문이다. 음식 이름 두어 가지, 도시 이름 네댓 개, 인사말 같은 것을 포함해 단어 대여섯 개, 축구팀 이름 열 개 정도만 댔을 뿐이지만 이들은 벌써 나에 대한 경계심 같은 건 저 멀리 날려 보낸 지 오래다. 통성명을 한 뒤, 나중에 브라질에 오게 되면 꼭 연락하라며 세 사람 모두 이메일 주소를 적어주었다.

나는 염치없지만, 아예 한술 더 떠 부탁과도 같은 제안을 던졌다.
"난 오늘 특별히 어딜 가겠다고 목적지를 정해 놓고 나온 게 아니거든. 아직 시내 지리나 교통편도 잘 모르고. 그래서 하는 말인데 너희만 불편하지 않다면, 나 오늘 같이 여행해도 될까?" 살면서 이런 얘기를 해본 건 정말 처음이었지만, 너무나 자연스럽게 흘러나온 말이라 스스로 무안할 것도 없었다. 얘기를 마치고는 약간의 정적이 흐를 수도 있겠다고 생각했지만, 고맙게도 세 사람 모두 좋다고 대답했다. 맏언니 격인 큰 헤나타가 한 가지 조건을 달기는 했다.

"우리 여행하면서 가게나 시장 같은 거 보이면 들어가서 구경하고 쇼핑도 할 건데 괜찮겠어? 여자들 쇼핑 한 번 시작하면 시간 엄청나게 많이 걸리는 거 알지?"

"뭐, 어차피 난 여기에 적어도 다섯 달 정도는 있을 생각이고, 쇼핑 같은 것도 앞으로의 내 아르헨티나 여행에 도움이 되는 경험일 테니까 괜찮아. 난 신경 쓰지 말고 구경해."

아주 오래 전에 좋아하는 사람이 네일 샵에서 손톱 관리 받는 것을 한 시간 가까이 기다려 본 적이 있었다. 그날 네일 샵에서의 한 시간은 도저히 다른 비교 대상을 찾기 어려울 정도로 지루하게 느껴졌다. 물리적인 시간으로는 쇼핑하는 것을 기다리는 게 그보다 훨씬 더 길겠지만, 내게도 구경할 만한 것들이 충분히 주어진다면, 크게 어렵거나 짜증스러운 일은 아니다.

이번이 세 번째 브에노스 아이레스 방문이라는 큰 헤나타는 여행 가이드로 일했던 경험을 살려 나에게 많은 정보를 주려고 계속해서 말을 이어갔다. 국민성이라는 표현은 정말이지 애매하고 불분명하기

짝이 없는 것이지만, 브라질 사람들이 가진 그것이 좀 더 친근하고 편하게 느껴지는 것은 사실이다. 언젠가 식당에서 만나 잠깐 얘기를 나눴던 파라과이 출신 이민자도 아르헨티나 사람들이 다른 남미 나라 사람들에 비해 조금 쌀쌀맞게 느껴진다는 얘기를 한 일이 있다. 아직 내가 몸소 경험한 남미 사람들이 많지 않아 섣불리 단정 짓기는 어렵지만, 확실히 아르헨티나 사람들은 쉽게 친해지기가 어려운 것 같다. 멕시코 사람들처럼 '아미고(amigo, 친구)'를 입에 붙이고 사는 것도 아니고, 아무래도 국민의 대부분이 유럽 출신인지라 스스로들 '우리는 보통 남미 나라들과는 달라.'와 같은 생각을 하는 것 같다. 나만 그렇게 느끼는 건 아닌가 생각하기도 했는데, 나중에 같이 스페인어 수업을 듣게 된 미국인 친구들도 비슷한 얘기를 했다.

우리는 먼저 에바 페론이 묻혀 있는 레꼴레따 공동묘지를 찾았다. 공동묘지라기보다는 미니어처 건축물들이 모여 있는 테마파크 같은 느낌이다. 입구에 들어서려는 순간, 작은 헤나타가 나를 붙잡는다.
"아, 다니엘… 사실은 얼마 전에 수사나 어머니가 돌아가셔서 우리 여기는 들어가지 않으려고 해. 수사나 마음이 편하지 않은 것 같거든. 그냥 지나가면서 보자. 괜찮지?"
"그래? 알았어. 난 어차피 이 나라에 꽤 오래 있을 거니까 다음에 또 올 일이 있을 거야."
내가 무슨 공동묘지 페티시즘이 있어 환장하는 놈도 아니고 그냥 헤나타의 말을 듣기로 했다. 사실 이곳은 신기하다는 느낌은 주지만,

엄청난 감흥을 주는 것도 아니고, 에비타한테도 큰 관심이 없었으므로 굳이 꼭 살펴보아야 할 이유는 없었다. 거리를 걷고 걸으니 무슨 신전 같이 생긴 브에노스 아이레스 법대 건물도 보이고, 고흐나 피카소 등의 그림이 걸려 있다는 국립 미술관 건물도 보인다. 미술에 대한 무지는 나를 작아지게 하는 것들 중 하나일 만큼 큰 관심사가 아니고, 또 여행 첫 날부터 미술관에 들어갈 마음은 조금도 없어서 다음을 기약했다.

멀리서 몇 개의 광장이 이어진 공원이 보이고, 그 한 가운데 큰 규모의 조형물이 보였다. 바로 플로라리스 헤네리까였다. 정확히 무슨 꽃을 형상화한 것인지는 모르겠지만, 튤립이나 연꽃과 비슷한 모양새다. 이 조형물은 아침 여섯 시에는 꽃잎이 열리고, 정확히 열두 시간 뒤인 저녁 여섯 시에는 꽃잎이 닫힌다고 한다. 꽃잎 닫히는 것을 보려고 여기에 죽치고 있을 마음은 없고, 그렇다고 굳이 시간을 맞춰서 다시 찾고 싶은 생각도 없다. 그냥 사진이나 찍을 뿐. 점심을 먹을 시간이 되어서 두 헤나타, 수사나와 간단히 요기할 식당을 찾

았다. 레스토랑보다는 까페테리아 같은 곳을 찾기로 했다.

원래 알고 있었던 건지 갑자기 눈에 띄었던 건지 모르겠으나, 큰 헤나타는 우리를 하드록 까페 브에노스 아이레스점으로 끌고 갔다. 대도시라면, 세계 어디에나 있는 하드록 까페에서 점심을 먹는 게 특별한 일은 아니지만, 하드록 까페 브에노스 아이레스점에서 점심을 먹는 것은 생각하기에 따라 의미 있는 일이 될 수도 있을 것 같았다. 옆 테이블에는 함께 놀러온 친구들로 보이는 일본 사내들이 다섯 명 앉아 있었다. 인사를 건네고 짧은 일본어로 몇 마디 던져주니까 브라질 친구들이 한국어, 영어, 스페인어에 일본어까지 할 수 있냐며 놀란다. 그냥 조금, 아주 조금만 할 수 있다고 말했다. 딱히 겸손하고 싶었던 건 아니고, 남들 앞에서 겸손해 할 수 있을 만한 정도의 실력도 되지 않기 때문이었다. 하지만 아무 것도 모르는 브라질 처자들 앞에서 나는 그럴 듯한 멀티링구얼이 되어 있었다. 점심을 먹고 난 후, 세 사람은 많이 피곤했던지 호텔로 돌아가 쉬고 싶다는 얘기를 한다. 우리는 나중에 상 파울루에서 다 같이 한 번 보자는, 굳이 지키지 않아도 될 약속을 하고 간단히 작별 인사를 나누었다.

나는 다시 레꼴레따 공동묘지를 구경하기로 마음먹었다. 그런데 지금 있는 곳에서 길을 찾으려니 자꾸 방향이 뒤죽박죽이다. 더 큰 길을 따라서 좀 더 걸어 보았지만, 전혀 그 방향이 아닌 것 같다. 심각한 상황은 아니지만, 길을 잃은 거다. 그때, 공원에서 사진을 찍으며 놀고 있는 한 커플이 눈에 들어왔다.

'아! 저 커플한테 물어보면 되겠구나.' 앞서도 얘기했지만, 커플은 정말 웬만해서는 여행자의 질문을 회피하지 않는다. 내 첫 해외여행이었던 홍콩에서의 경험을 토대로 축적된 노하우 아닌 노하우이다. 홍콩에서 나는 길을 잃고 한 시간 넘게 호텔을 찾아 헤맨 적이 있다. 그냥 처음부터 물어물어 갔으면 쉽게 숙소에 복귀했을 텐데, 그 즈음에 책에서 봤던 아프리카 속담(길을 잃었다는 것은 곧 새로운 길을 만나게 된다는 것을 의미한다)에 꽂혀 가지고는 누구한테도 길을 묻지 않고 혼자서 찾아보겠다는 생각으로 한걸음 한걸음 걸었다가 낭패를 본 경우였다. 어쩔 수 없이 내 옆을 지나가던 홍콩 커플에게 길을 물었는데, 펜과 종이를 꺼내 약도를 그려주더니 자신들의 연락처까지 적어주는 게 아닌가! 나는 그들이 보여준 친절에 적잖이 놀랐고, 어느 정도 감동하기까지 했다. 그리고는 나도 우리나라에서 외국인 관광객을 만나면 작은 것 하나라도 도와주겠다는 생각을 했다.

어쨌든 그 에피소드 이후 나는 여행지에서 커플에게 길을 묻는 일이 잦아졌다. 지금까지 단 한 쌍의 커플도 내 질문을 듣고 그냥 무심히 돌아선 경우는 없었다. 이번에도 마찬가지였다. 둘은 아예 나와 동행을 해주었다. 엄청나게 먼 거리는 아니었지만 십오 분쯤 걸리는 길을 걸어 레꼴레따 묘지까지 함께 와 준 것이다. 나는 두 사람을 기억하고 싶어서 사진을 한 장 찍고 싶다는 부탁을 했다. 커플은 자연스럽게 포즈를 취해 주었고, 다시 가던 길로 돌아갔다.

그들이 떠난 뒤에 차분한 마음으로 묘지 안을 거닐었다. 이곳에 시신을 안치하려면 적어도 한화 1억 원 이상의 비용이 든다고 들었다. 인간의 삶이라는 게 땅에 묻히는 그 순간까지도 돈을 떠나서는 생각할 수 없다는 것이 어떤 비애감을 줬다. 그런데 이미 오래 전에 발길, 손길이 끊긴 것처럼 보이는 묘들이 너무나 많았다. 1억이 넘는 많은 돈을 들여 그럴 듯한 곳에 모셔두는 것보다 언제든 찾아볼 수 있도록 몸과 마음 가까이에 두는 것이 좋지 않을까 생각하지만, 세상을 떠난 사람을 위해 자주 시간을 낸다는 게 그리 쉬운 일은 아닐 것이다.

먼지와 거미줄 그리고 무관심이 가득한 묘지 안을 걷다보니 감당하기 어려운 피로가 밀려왔다. 첫 주말부터 너무 무리한 관광을 시작한 것 같다. 지하철을 타고 집으로 돌아간다. 아르헨티나 지하철에는 앵벌이 소년 소녀들이 너무 많다. 소년, 소녀라고 부르기도 미안할 정도로 어린 아이들이 대부분이다. 열 살 정도 되어 보이는 친구들이 가장 많고, 대여섯 살 정도로 보이는 꼬마들도 정말 많다. 이래서 피토 파에즈가 '열한 살과 여섯 살'이란 노래를 만들었나 보다. 길거리에서 꽃을 파는 열한 살 남자 아이와 여섯 살 여자 아이의 이야기를 다룬 이 노래는 꽤 오랜 시간이 지났음에도 현실과 그대로 닮아 있어 더 슬프게 느껴진다. 가뜩이나 몸이 무거운데, 마음도 무거워진다. 좋은 기분으로 집밖을 나선 아침이었는데, 집안으로 돌아가는 길을 더디고 불편했다.

피토 파에즈(Fito Paez)는 아르헨티나를 대표하는 남성 뮤지션으로 30년 넘게
왕성히 활동하며 다수의 앨범을 발표하였고, 그래미를 포함한 여러 뮤직 어워
즈에서 수상한 경력이 있다. 개인적으로는 '11 y 6', 'Confia', 'London Town',
등의 음악을 추천하고 싶다.

느림, 느림,

느림~

이런 건 아무래도 이곳에서의 생활이 좀 더 길어진 후에 적어야 마땅하겠지만, 어차피 여기서 1년을 살 것도 아니고, 내 남은 평생을 보낼 생각도 없으므로 입국 후 3주간의 경험을 토대로 느낀 것을 정리해 본다. 일단 여기서는 거의 모든 것이 다 늦다. 뭔가 빨리 빨리 벌어지는 일은 하나도 없다고 해도 무방하다. 아, 하나 있다면 운전자와 보행자 모두 신호를 지키지 않고 빨리빨리 길을 지나가려 애쓴다는 것이다. 그런데 대부분의 아르헨티나 사람들은 신호를 지키지 않는 운전자들을 크게 비난한다. 물론 보행자보다는 운전자가 조금이라도 더 많은 주의를 기울여야 하는 것이 당연하겠지만, 내가 볼 때는 아르헨티나의 보행자들에게도 비슷한 크기의 잘못이 있다. 횡단보도와 신호등은 물론이고 지나가던 차들도 아랑곳하지 않는 사람들이 너무나 많다. 그러면서 손가락질은 운전자에게만 하려고 하니 과연 한 세기 전에 미국과 어깨를 나란히 한 선진국이었다느니, 남미 안의 유럽이라느니 하는 자화자찬이 도대체 어떤 의미가 있겠냐는 생각이 든다.

늦는다는 건 어떤 행동이나 일 처리에 많은 시간이 걸린다는 것을 말하기도 하지만, 하루 24시간의 생활이 꽤 늦게까지 이루어진다는 것도 의미한다. 예를 들어, 이곳에서는 저녁 식사를 거의 10시가 다 되어서야 한다. 빠르면 9시 반 정도. 함께 살고 있는 세사르 할아버지와 일다 할머니만 해도 일흔이 훨씬 넘으셨지만, 거의 새벽 두 시는 되어야 잠자리에 드시는 것 같다. 주말이 아닌 평일에도 늦은 밤까지 같이 영화를 보기도 하시고, 그날의 뉴스에 대해 얘기를 하며 와인을 마시기도 하신다.

그런 개인적인 일들이 조금 늦게까지 이루어지는 것은 크게 문제될 것이 없지만, 지금 스페인어 수업을 듣고 있는 벨그라노 대학 어학원의 행태는 살짝 짜증이 난다. 수업은 오전 10시 30분에 시작하는데, 수업이 시작되기 15분 전에야 학교 문을 연다. 전날 배운 내용을 복습도 하고, 오늘 배울 부분을 미리 훑어보려 해도 방법이 없다. 며칠 전에는 9시 50분쯤, 학교에 도착하고드 20분 넘게 문 앞에 서있을 수밖에 없었다. 밖에서 문을 두드리고, 벨을 대여섯 번 눌러도 반응이 없다. 분명히 직원이 출근해 있는 상황인데도 말이다. 그렇다고 느긋하게 딱 수업 시작 시간에 맞춰 등교하는 것도 위험부담이

있다. 한 주에 한 번 꼴로 지각이 허용되고, 그 범위를 초과하게 되면 일체의 환불 없이 코스에서 쫓겨나게 된다. 보통 대학이라고 하면, 늘 열려 있는 공간을 생각하기 마련인데, 이곳에서는 그런 분위기를 조금도 느낄 수가 없다.

물론 좋아 보이는 것도 많다. 늦어지는 것이 많다는 건 마음에 쫓기는 듯한 조급함이 없다는 이야기다. 그러니 그걸 좋게 생각한다면, 이들은 늘 마음의 여유를 갖고 있고, 또 의식적으로라도 여유를 가지려고 한다는 것이다. 뭔가 늦어진다고 해서 그걸 크게 재촉하는 사람도 없고, 그것이 다툼으로 이어지는 일도 없다. 여행자의 입장에서는 뭐 그럭저럭 받아들일 수 있는 '느림'이나 '늦음'이 많지만, 이민이나 유학 같은 어떤 삶의 변화를 위해 남미를 선택한 사람이라면, 한 시라도 빠르게 이 '느림'에 적응해야 할 것이다.

그 밖에 함께 살고 있는 할아버지, 할머니에게서 아르헨티나 사람들의 긍정적인 모습을 찾아보자면, 부부의 경우 철저하게 절반씩 가사를 나누어 분담한다는 것이다. 어제 저녁을 할아버지가 준비했다면, 오늘은 할머니가 준비하고, 또 내일은 할아버지가, 그 다음날은 할머니가 요리를 한다. 신기할 정도로 철저하게 지켜진다. 일종의 원칙처럼 준수되어지는 이 모습이 다소 냉정하게 생각될 수도 있겠지만, 나는 오히려 이것이 상대방을 향한 더 큰 배려가 아닌가 생각이 되었다. 할머니에게 여쭤보니 그런 모습은 어느 아르헨티나 가정에

서도 볼 수 있는 당연한 문화인 듯했다. 하지만, 아무래도 남자인 나로서는 할아버지가 너무 많은 집안일을 하고 계신 것 같은 느낌을 받았다는 게 솔직한 표현일 것이다. 할아버지는 신문사에서 일하고 있었고, 할머니는 전업주부였으니까 할머니가 좀 더 많은 가사를 맡는 것이 맞는 게 아닌가하는 생각이 들곤 했다. 역시 한국에서든 남미에서든 결혼은 아무나 하는 것이 아니고, 결혼생활이라는 것은 절대 쉬운 일이 아니다.

산 뗄모 벼룩시장의
데이 트립 파트너,
메리

오늘은 그 유명한 산 뗄모 시장에 가보기로 했다. 일요일마다 아침 10시경부터 오후 5~6시 정도까지 열리는 벼룩시장으로 작은 액세서리부터 적어도 70년은 더 넘은 것 같은 축음기까지 구입할 수 있다. 골목 곳곳에서는 땅고 공연이나 인형극, 행위 예술 등의 퍼포먼스도 벌어지니 단순히 물건을 사고파는 곳이 아니라 딱딱한 형식 같은 걸 걷어낸 축제의 장 같은 느낌이다. 아직 길눈이 트이지 않아서 많은 사람들이 움직이는 방향에 합류했는데, 길을 잘못 들어서 버렸다. 이럴 때는 굳이 미로 속을 헤집고 들어가기보다는 다시 처음 그 위치로 나와서 경로를 재설정하는 편이 좋다.

그런데 횡단보도 앞에서 자기 몸만한 배낭을 메고 서 있는 한 여자가 눈에 들어왔다. 딱 봐도 아마추어 수준은 아닌 듯 했다. 내가 궁금해 하는 부분에 대해 너무나 당연하게도 답변을 해줄 수 있을 것 같은 외양이었기에 불쑥 말을 걸었다.

"실례지만, 여기서 산 뗄모 시장에 어떻게 가는지 아세요?"

"아, 제가 오늘부터 하루 이틀 묵을 호스텔이 산 뗄모 시장 근처에 있는데, 지금 그 숙소로 가고 있는 길이거든요. 따라오세요. 그리고 저 짐만 풀어놓고 시장 둘러볼 거니까, 생각 있으시면 같이 구경하셔도 괜찮아요."

역시 내 눈은 틀리지 않았다. 하지만 이건 뭐 다른 누구의 눈을 거쳤더라도 틀릴 수 없는 그런 예측이었을 거다. 나는 연신 고맙다는 말을 하면서 상대를 치켜세웠다. 타지에서는 작은 도움에도 큰 감동이 온다. 반대로 좋지 않은 일이라면, 그것이 정말 작은 일이라 해도 기분이 더 많이 상하는 법이고.

십 분쯤 호스텔 로비에서 기다리니 그녀가 나왔다. 우연치 않게 또 한 명의 데이 트립 파트너를 얻게 된 것이다. 비슷한 또래의 여자와 단 둘이 시간을 보내게 되니 day trip이 아니라 date trip이 된 것 같은 기분이다. 그녀의 이름은 메리였고, 유럽과 남미를 오가며 여행 중인 미국인이었다. 전 세계에서 가장 흔한 영어 이름 중 하나가 메리일 텐데, 실제로 메리라는 이름을 가진 여자를 만나게 된 건 내게 처음 있는 일이었다. 그런데 지난주에 브라질 여자들과 함께 움직이게 된 것이나 오늘 메리와 같이 여행할 수 있게 된 것을 어떻게 설명할 수 있을까?

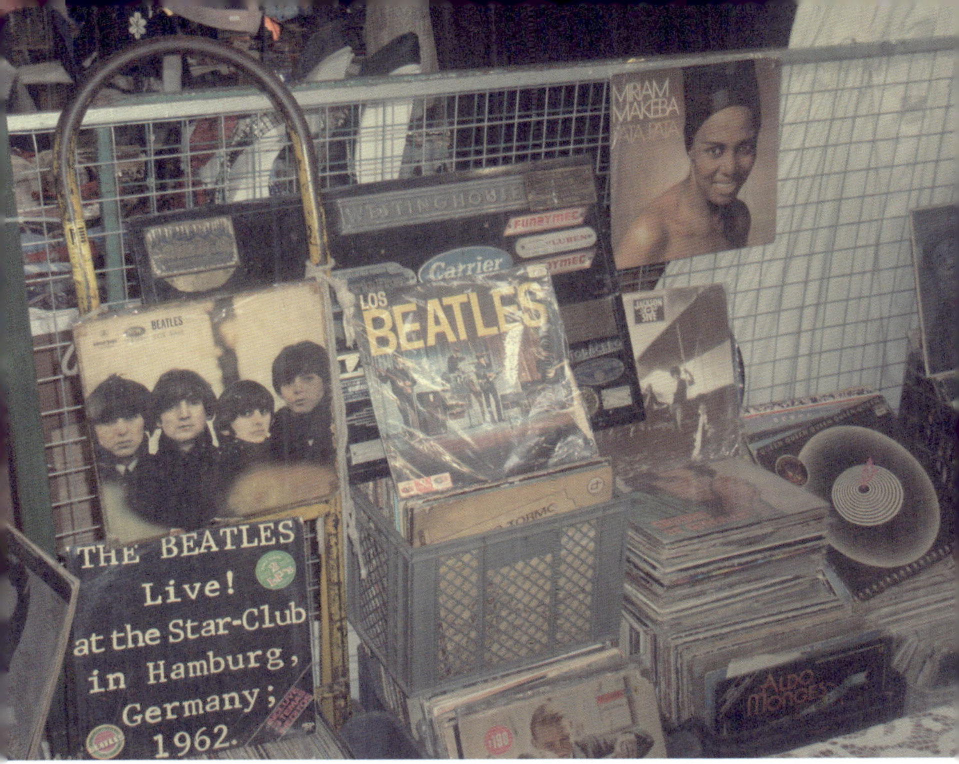
MIRIAM MAKEBA
PATA PATA
LOS
BEATLES
Carrier
THE BEATLES
Live!
at the Star-Club
in Hamburg,
Germany;
1962.
ALDO
MONGES

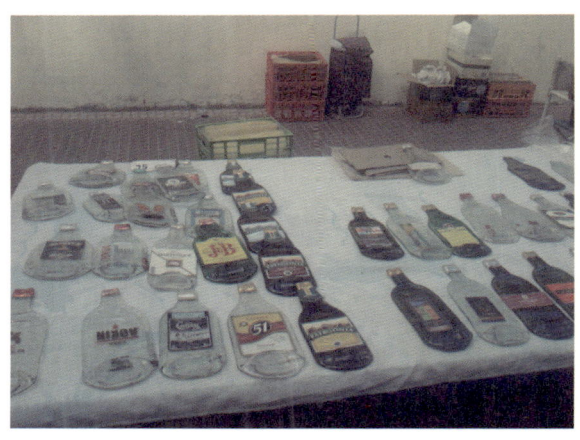

나는 이것을 가능한 긍정적으로 생각해보려 했으나, 그런 생각을 할수록 도리어 부정적으로 비꼬아 보고 싶은 마음도 들었다.

물론 좋게 생각한다면 이런 것들은 보통의 아시아 남자에게 갖는 인간적인 호감에서 비롯된 것일 수도 있다. 대개 아시아 남자가 여자를 대할 때 친절하고, 자상한 편이며, 예의를 중요하게 생각하므로 그런 모습에서 상대적으로 교육을 잘 받았다고 느끼게 할 수도 있다는 것이다. 젠틀하다는 그 특유의 표현도 이제는 서양 남자보다 동양 남자에게 쉽게 붙여주는 듯하다. 한국에서는 그런 말을 거의 들어보지 못한 나도 외국에서 심심치 않게 그런 얘길 듣게 된다.

그런데, 어떻게 보면 이건 동양인 남자가 만만하게 보이기 때문이 아닐까도 싶다. 아무래도 백인이나 흑인보다는 신체적인 조건이 떨어지고, 경우에 따라서는 여자보다도 연약해 보이는 몸을 가진 사람이 많으니까. 보통 체형보다 아주 조금 마른 나도 브라질 누나들의 딱 벌어진 등근육과 메리의 어깨에는 당당할 수 없었으니 상대가 그런 느낌을 가질 수도 있지 않을까 하는 거다. '이 자식이 날 어떻게 해볼 생각이라 해도 내가 충분히 제압할 수 있을 것 같은데.' 그런 자신감이 있었기 때문에 '어차피 일행도 없는데 그냥 같이 말동무, 길동무나 하자.' 하고 말이다. 물론 어떤 깊이 있는 사고나 검증을 통해 도출해낸 결과는 아니지만, 전혀 말도 안 되는 얘기는 아니라고 생각한다.

어쨌든 지금 나는 메리와 산 뗄모 시장에 와 있다. 이것저것 구경을 하며 시장을 거니는데, 어디선가 반도네온 소리가 흘러나온다(반도네온은 아르헨티나 땅고 음악과 동일시되는 건반 악기인데, 독일에서 처음 고안된 것으로 굳이 비교하자면 아코디언과 소리, 형태가 비슷하다). 반도네온 소리가 그렇게 친숙한 편은 아닌데도 그 안에서 만들어지는 멜로디는 너무나 익숙하게 느껴졌다. 처음 듣는 연주였지만 조금도 낯설지가 않았다. 바로 스팅(Sting)의 'Englishman in New York' 이었다. 이 곡이 주는 힘은 단지 뉴욕에 있는 영국인에게만 귀속되지 않는다. 어느 지역에서건, 어떤 국적을 가진 사람이건, 청자의 상황에 맞추어 절절하게 느낄 수 있다. 지금 여기 아르헨티나에서는 'Coreano en Buenos Aires'로 변주되어 내게 더 애틋하게 다가온다. 좋다.

얘기를 나눠보니 메리는 미국 시애틀 출신이었고, 취미는 역시 여행 그리고 타투였다. 서른 개가 넘는 타투를 몸에 지니고 있다고 했다. 타투에 대해 딱히 거부감 같은 것은 없는 나지만, 그녀와 사랑을 나누었던 남자들이 저 왼쪽 옆구리에 새겨진 작은 해골에 입을 맞출 수도 있었겠구나 하는 생각이 들었다. 우연히 만난 사이고, 몇 시간 후면 헤어질 사이기 때문에 그다지 깊이 있는 얘기를 나눌 수는 없었지만, 나는 내가 알고 있는 시애틀의 모든 것을 끄집어내어 대화를 지속하고픈 마음이었다. 시애틀에 묻혀 있는 이소룡과 그의 아들 그리고 지금은 사라진 NBA의 수퍼 소닉스와, MLB 매리너스로 겨우겨우 화제를 이어 나갔다. 알고 보니 메리는 이치로의 열렬한 팬이었기에 야구를 주제로 조금 더 얘기를 할 수 있었고, 다음은 시애틀 출신의 밴드인 너바나 얘기를 하다 록음악과 밴드에 대해 얘기를 하게 되었다.

"사실 예전 남자친구가 밴드에서 기타를 치고 있거든. 혹시 스노우 패트롤이라는 밴드 알아?"
"아… 이름은 들어본 적 있는 것 같은데, 음악을 들어본 적은 없어. 나중에 한 번 찾아서 들어볼게."
음악엔 별로 관심이 생기지 않았고, 남자친구가 기타리스트였다는 말에 이상한 호기심이 생겼다. 아니, 그 호기심이 갑작스레 생긴 것은 아니고 아주 오래 전부터 가지고 있던 것이었는데, 누구에게도 물어볼 기회가 없었던 것이다.

"남자친구가 기타리스트였다고 해서 궁금한 게 생각났는데, 물어봐도 될까? 성적인 얘기라서…"

"어, 괜찮아. 내가 말해줄 수 있는 거면 얘기해줄게. 불쾌하지 않아."

"음… 그럼 물어볼게. 기타리스트 남자친구가… 너와 섹스를 할 때 손가락의 움직임만으로도 널 행복하게 해줄 수 있었어? 그러니까 마치 기타를 연주하듯이 널 어루만져서 어떤 만족감 넘치는 소리 같은 걸 이끌어낼 수 있었냐는 말이야. 보통 사내들과 달리 좀 더 특별하게."

"그런 생각은 못 해본 것 같아. 그렇다면 기타리스트라고 해서 더 탁월한 애무 실력을 가진 건 아니라고 해야겠지. 더 어렸을 때 얼마 동안 드러머를 만난 적이 있었거든. 그 사람과의 기억 때문인지, 사랑을 나눌 때엔 드러머가 더 대단한 것 같이 느껴지네. 굵은 두 팔뚝으로 날 들어올리고 난리도 아니었거든."

메리의 친절한 답변으로 나의 오랜 호기심은 해결되었다. 드러머가 가진 특징이야 테크닉보다는 신체적인 우위에서 비롯된 것일 테니 논외로 하고, 아무래도 기타리스트보다는 피아니스트나 키보디스트가 더 훌륭한 여성 연주가가 아닐까 생각이 들었다. 음… 그렇다면 플루티스트나 오보이스트는 엄청난 남성 연주가일 수도 있을 것 같고.

커피도, 할 얘기도 다 바닥이 났고, 시간이 많이 흘러 다소 어색한 분위기가 되었는데, 메리가 어머니와 여동생에게 선물할 반지를 사고 싶다고 해서 함께 고르기로 했다. 메리는 몇 개의 후보군을 손바

닥에 올려놓고는 내게 의견을 물었다.

"다 괜찮긴 한데, 이게 흰색이랑 하늘색이 섞여 있으니까 아르헨티
나 국기처럼 보이지 않아? 그러니 여기서 샀다는 의미를 둘 수 있지
않을까?"

"어, 정말이네. 왜 흰색, 하늘색을 보고 있으면서도 그 생각을 못 했
지? 정말 딱 아르헨티나 기념품 반지 같네."

솔직한 심정으로는 반지들이 다 그저 그래서 그나마 아르헨티나 느낌이 나는 것 같은 하나를 집어줬을 뿐인데, 너무나 좋아하는 메리의 모습을 보니 역시 인생의 많은 부분은 순발력이나 임기응변 같은 것 따위에 좌우되는 것이 아닐까 하는 생각이 들었다.

반지는 한 개에 10뻬소였다. 물론 두 개 값은 20뻬소인데, 아줌마한테 2개에 15뻬소에 달라고 협상 의사를 내비쳤다. 그러니까 "에이, 아줌마… 그거 반지 값 5뻬소만 빼소."라고 한 거다.

내가 사고 싶은 물건은 값을 깎기가 쉽지 않은데, 남이 뭔가를 사려고 할 때 옆에서 한 마디 던지는 건 정말 아무 일도 아닐 정도로 쉽다. 흥정이 실패로 돌아간다고 해도 뭐 전혀 무안할 것도 없고, 사실 옆 사람이 그걸 사든 말든 중요하지가 않으니 그런 말이 참 쉽게도 나오는 것 같다. 아주머니는 꽤 오래 고민을 하더니 결국 15뻬소에 반지 두 개를 내주었다. 얼마 되지 않는 작은 돈이라고 생각할 수도 있지만, 거의 6,000원에서 4,500원으로 깎은 셈이니 그런대로 훌륭한 거래였다. 시간이 지난 뒤 생각해보니 머뭇거리던 아줌마의 표정이 이해 될 만큼 꽤 차이가 있는 금액이었다. 하지만 그걸 메리가 사지 않았다 한들 다른 누가 구입하지는 않았을 거라고 냉정히 평가할 수 있다.

메리와 시장 곳곳을 구경하니 저녁 먹을 시간이 되었다. 그녀가 알아두었던 스테이크 집으로 날 안내했다. 드디어 말로만 듣던 그 아르헨티나의 최상급 스테이크를 먹게 되었다. 2만 원 정도 되는 돈으로 엄청난 육질의 스테이크와 풍부한 샐러드, 와인 한 잔까지 즐길 수 있다는 것이 행복한 기분마저 들게 했다. 메리는 내일 미국으로 돌아갈 예정이다. 유럽과 남미를 오가며 보낸 1년간의 여행 동안 많이 지쳤다며 시애틀이 그립다고 했다. 이곳에 도착한지 아직 채 한 달이 되지 않은 나로선 고국에 대한 그리움이 그리 뜨겁지 않지만, 그녀가 보냈을 1년을 상상해 보면 가족과 친구, 고국에 대한 향수가

어렵지 않게 이해됐다. 그것은 아마 사랑하는 사람들을 보고 싶다는 시각적 향수임과 동시에 그들의 낯익은 목소리를 가까이에서 듣기 원하는 청각적 향수일 거라는 생각이 들었다.

나의 사랑하는 스페인어

수많은 스페인어 단어들 중에서 특히 좋아하는 것들이 몇 개 있다. 어감이 좋아서이기도 하고, 뜻이 좋아서이기도 하지만, 그냥 아무 이유 없이 좋아하게 된 경우가 더 많다. 쎄르베사(cerveza;맥주), 꼬라손(corazon;마음), 씨엠쁘레(siempre;언제나), 뻬로(pero;그러나) 등등… 하지만 나는 그 어떤 말보다 빠삐(papi)라는 단어가 제일 좋다. 빠삐는 아빠를 부르는 아이들의 말인데, 거리에서나 가게에서나 지하철 안에서나 어디서든 이 소리를 들을 수 있다. "빠삐, 나 저거 사줘!", "빠삐, 나 졸려.", "빠삐~ 빠삐~"… 이 말이 들릴 때면 꼭 그 귀여운 목소리의 주인공을 확인하고 싶어져 주위를 둘러보게 된다.

그러고 보니 5~6년 전쯤에 내게 영어를 갸르쳤던 미국인 강사 앤드류 생각이 난다. 내게 앤드류와 특별한 친분이 있었던 것도 아니고,

수업도 두어 달 정도밖에는 듣지 않았지만, 그가 또렷하게 기억에 남아 있는 이유가 하나 있다. 앤드류는 당시 한국인 여자 친구와 결혼을 하고 계속 한국에서 살 계획을 가지고 있어서 우리말을 공부하는 중이었는데, 한국말 중에서 '아빠'라는 단어가 제일 좋다는 얘기를 한 적이 있다. 이유를 묻자, 거리에서 작은 아이들이 "아빠~"라고 그들의 아빠를 부르는 모습을 볼 때면 왠지 모를 행복감에 젖는다고 했다. 그런가보다. 아빠라는 말이 그렇다. '아빠' 그리고 '빠삐'. 소리는 조금 다르지만, 그 소리를 내는 아이들의 마음속에 그려지는 모습은 크게 다르지 않을 것이다. 나도 여행 중 몇 번이나 나의 귀여운 아빠가 보고싶었다.

아르헨티나에서
한류를 만나다

．

오늘은 엠파이어 극장이라는 곳에서 열리는 K-POP 이벤트에 가보기로 했다. 아르헨티나에서 극장(teatro;떼아뜨로)이라고 하면 연극도 하고, 땅고나 라이브 공연도 할 수 있는 무대가 있는 장소를 얘기한다. 보통 영화관은 씨네(cine)라고 부른다. 며칠 전부터 페이스북 친구 몇 명이 이 이벤트에 대해 말해주었기 때문에 약간의 관심을 가지고 있었다. TV와 인터넷을 통해 남미에도 가요를 중심으로 한 한류가 존재한다는 사실을 알고 있었지만, 그걸 곧이곧대로 믿지는 않았다. 실체를 직접 눈으로 확인해보고 싶은 마음이 있었다.

극장 주변에는 아침부터 많은 사람들이 모여 있었다. 대부분이 10대 후반에서 20대 초반으로 보이는 여학생들이다. 이런 팬덤의 연령대는 우리나라뿐만 아니라 세계 어디를 가더라도 비슷하지 않을까 생각한다. 물론 우리와 다른 외모를 가지고 있는 탓에 정확한 나이를 가늠할 수는 없지만, 시끌벅적한 분위기가 그냥 딱 10대 여고생들이다. 입장을 기다리는 대열이 보여 맨뒤로 가서 줄을 섰다. 아무래도 나를 신기하게 쳐다보는 느낌이 든다. 동양인 남자가 혼자 와 있으니 그럴 법도 하다.

나와 이 행사를 주최한 아르헨티나 한국 문화원 관계자를 제외하면 모두가 아르헨티나 사람들이다. 거의 300명 가까이 되는 사람들이 모였고, 정말 거짓 없이 그 중 95% 이상이 여학생들이었다. 바로 이 점에서 남미의 한류와 북미의 한류는 큰 차이를 보인다고 생각했다. 북미의 한류는 딱히 실재를 얘기하기 어려울 정도로 다수의 교민과 일부 아시아인들을 대상으로 퍼져 있지만, 남미의 한류는 정말 거의 완벽하게 현지인들만으로 그 팬덤이 구성되어 있다. 뮤직 비디오와 여러 공연 실황 같은 것들이 스크린에 상영되기 시작하자 극장은 정말 난리도 아니었다. 여기저기서 비명에 가까운 함성이 들려와, 나는 화장실로 몸을 피해 귀를 보호해야 했다. 역시 동방신기, JYJ, 슈퍼주니어, 빅뱅 등이 선두권을 형성하고 있었으며, 소녀시대, 2NE1, 샤이니, 2PM, 비스트, 엠블랙, 씨엔블루 등도 적잖은 팬들을 보유한 것으로 보였다. 아니 들렸다고 해야 하나? 정말 귀가 찢어질 듯했으니.

게다가 더욱 놀라웠던 것은 틴탑이나 블락비, 인피니트, 라니아 등

한국에서는 아직 인지도가 제법 떨어지는 신진 그룹들까지 팬클럽이 있을 정도였다는 거다. 한국에서는 보이그룹, 걸그룹 등의 아이돌 스타들을 조금 가벼이 여기는 게 사실이지만, 이날 자리에서 아르헨티나 사람들이 보여주는 반응을 보니 그런 생각들이 꽤 편협하게 느껴졌다. 그들 하나하나를 아티스트로 생각할 수는 없었지만, 지구 반대편에 있는 사람들에게까지 사랑을 받을 정도로 열심히 준비해 온 엔터테이너들이구나 하는 생각은 가져 보았다. 개인적으로는, 한류의 열기를 실감할 수 있었다는 것 외에도 여러 가지 소득이 있었다. 페이스북 친구였던 히메나를 만났고, 히메나와 함께 한류 커뮤니티를 운영하는 세 명의 친구 완다, 플로렌시아, 루드밀라를 소개받았다.

이 네 친구는 단순히 한국 대중문화에 관심을 가진 수준을 넘어 한국어를 공부하고 있었으며, 넷이 같이 저축을 해 한국을 여행하겠다는 계획도 가지고 있었다. 그 외에도 서너 명 정도와 더 얘기를 나눌 수 있었다. 아마도 아르헨티나에 온 후 3주의 시간에서 가장 많은 스페인어 대화를 한 날이 아닌가 싶다. 얘기를 나눈 사람들과 친구가 되었다고 말하는 건 좀 무리가 있는 것 같지만, 그 말 외에는 적절한 표현이 없는 것도 분명한 사실이다. 어쨌든 관심도 없던 아이돌 스타들 덕분에 아르헨티나 친구들도 사귀고, 여러모로 도움도 받을 수 있게 되었으니 K-POP 가수들에게 감사할 따름이다. 하지만 아르헨티나 친구들이 틴팝 일변도로 한국 음악을 접하는 것이 안타까워

나중에 윤상, 윤종신, 김현철, 김광석, 김현식 등 내 기준의 웰메이
드 K-POP 곡들을 수차례 들려주었으나 큰 반향을 얻지는 못했다.

와인을 좋아한다면
아르헨티나로 가라

프랑스와 칠레 다음으로 와인으로 유명한 나라가 아르헨티나일 것이다. 요즘은 미국 캘리포니아 와인도 상당히 훌륭하다는 얘기를 듣는다. 사실 나는 와인에 대해서 정말 아는 것이 없다. 아는 게 없다는 사실보다 더 중요한 건 굳이 알고 싶은 생각도 없다는 거다. 포도로 만든 술이라는 것과, 크게 적포도주와 백포도주로 나뉜다는 것, 그리고 우습게 생각하고 계속 넘겨대면 결국에는 취한다는 것 정도만 알고 있다. 친구와 와인 두 병을 나눠 마시고, 행방불명되어 길거리에서 하룻밤을 보낸 적도 있는 내게는 와인 역시 무서운 적이다(물론 순전히 와인 두 병 때문에 벌어진 일은 아니었고, 그 전에 마신 소주와 맥주가 훨씬 더 많은 역할을 했겠지만).

아침부터 와인을 들이키지는 않지만, 아르헨티나 사람들은 점심이나 저녁을 먹을 때는 꼭 와인을 마시는 것 같다. 물이나 콜라, 맥주를 마시기도 하지만 거의 대개는 와인을 마시고 있다. 매끼마다 그렇게 반주를 하는 게 몸에 좋은 것인지는 모르겠지만, 일단 와인 값이 비싸지 않으니 경제적으로 부담 될 일은 없을 것 같다. 물론 고급 와인은 0이 몇 개 붙어 있는지 눈으로 셀 수도 없을 만큼 비싼 가격이지만, 대개 식사를 하며 함께하는 와인은 한 병에 오천 원 정도로 저렴한 편이다. 정말 최저가인 와인은 한 병에 이, 삼천 원쯤 하니 소주 한 병 값과 거의 같다. 물론 마트에서 술을 사다 놓고 집에서 마실 때의 얘기다. 하지만 레스토랑에서도 2만 원 안팎의 돈이면 괜찮은 와인 한 병을 무리 없이 즐길 수 있으니 우리나라에 비하면 많이 싼 편이다.

어쨌든 나도 홈스테이 할아버지, 할머니가 매번 저녁을 먹을 때마다 와인을 권해 주셔서 매일 두어 잔은 마시고 있다. 그런데 그렇게 와인을 마셔대도 이게 맛있는 건지, 맛없는 건지, 무슨 맛으로 먹는 건지 도무지 알 수가 없다. 맥주처럼 가슴이 뻥 뚫릴 만큼 시원한 것도 아니고. 조금이라도 달콤한 백포도주가 좋은데, 백포도주는 안 쳐주는 건지 할아버지, 할머니가 전혀 드시지를 않으니 그저 주시는 대로 입 안에 털어 넣고 있다. 와인을 좋아하는 사람이라면 아르헨티나의 무수한 와인들을 브랜드마다 시도해 보는 것도 좋을 듯하다. 아마 하루에 한 병씩 새로운 와인을 마신다고 해도 겨우 두어 달 정도로 아르헨티나 지저스의 피를 다 말리기는 어려울 것이다.

열한 명의 북미인,
한 명의 동양인

애기했듯이 아르헨티나의 명문 벨그라노 대학교의 어학원에서 두 달 코스로 스페인어 수업을 듣고 있다. 두 달이라는 짧은 시간 내에 뚜렷한 발전을 할 수 있을 거라고는 생각하지 않는다. 다만 좀 더 나은 여행을 위해서는 당연히 좀 더 원활한 소통이 필요할 테고, 그러려면 두 달이라도 뭔가 정규적인 교육을 받는 게 필요하다는 생각이 들었다. 내가 소속된 클래스에는 나 외에도 열한 명의 학생이 더 있는데, 모두가 북미에서 온 대학생들이다. 열 명의 미국인과 한 명의 캐나다인이다.

이들과 영어로 대화를 할 수는 있지만, 도대체 무엇이 그들을 웃고 떠들게 하는 것인지 쉽게 이해할 수는 없다. 한국, 인도, 이란에서 온 '미국인'들도 있었는데, 자신을 대변해주는 것은 뿌리 같은 게 아니라 현재의 국적이라고 생각하는 듯한 언행이 느껴져 뭔가 정을 붙이기 어려웠다. 내가 못난 걸까? 이 북미 친구들은 스페인어 수업시간에도 영어로 얘기를 하고, 아르헨티나인 강사에게도 영어로 질문을 한다. 어떤 흥미나 관심에 의해 스페인어를 배우기는 하지만, 굳이 실제로 사용하려 애를 쓰지는 않는 것 같다. 정말이지 이런 분위기는 짜증스럽고 조금도 유쾌하지 않다.

사실 오래 전부터 나를 비롯한 많은 한국인들이 단지 영어를 제대로 발음하지 못 한다는 이유로 미국인들(을 비롯한 영어권 국가 사람들)한테 비웃음을 당하는 것이 기분 나빴다. 그런데 며칠째 북미 학생들과 수업을 듣다 보니 이들도 스페인어 발음을 제대로 하지 못하는 게 확연히 느껴졌다. 정말 어려운 발음은 어쩔 수 없다지만, 쉬운 발음에도 쩔쩔매는 모습이 약간은 한심스러울 정도여서 그걸 보고 있자니 괜히 기분이 좋아졌다.
'que'를 '께'라고 하지 못 하고 '케'라고 하는 녀석들…
'ir'를 '이르'라고 하지 못 하고 '이얼'이라고 하는 녀석들…

그런데 큰 차이가 하나 있다면 그 녀석들은 무의식중에 영어식 발음이 나와서 그렇지 집중해서 하면 얼마든지 제대로 된 스페인어 발음이 가능한 것 같다. 우리는 정말 어린 시절부터 영어권 국가에서 오랜 시간을 보낸 게 아니라면 무의식중에 한국어식 발음이 나오는 것은 물론이고, 집중해서 혀를 최대한 꼬아 원어민처럼 영어를 발음해

보려고 해도 안 되는 건 안 되지 않나?

이렇게 정리가 되어 버리면… 그다지 녀석들의 발음을 비웃을 것도
없지만 오늘은 왠지 충분히 그래주고 싶었다.

'케'가 뭐냐, '케'가?

02

남자들에게 천국이 있다면

지하철의 스트리트 뮤지션

브에노스 아이레스에는 훌륭한 스트리트 뮤지션들이 많다. 이들의 본거지는 대개 지하철과 지하철역 주변이다. 혼자서 라틴 기타를 연주하는 사람들이 대부분이지만, 서너 명으로 구성된 밴드가 전철 안에서 좀 더 갖추어진 음악을 들려줄 때도 있다. 이들에게는 동전이 목적일지라도 일상에 지친 지하철의 승객들에게는 짧은 위안이 되고, 가벼운 흥분을 만들어 주기도 하니 이들을 뮤지션으로 불러야지 절대 앵벌이 수준으로 폄하할 수는 없는 일이다.

며칠 전에는 에릭 클랩튼(Eric Clapton)의 'Wonderful Tonight'을 라틴 느낌으로 편곡하여 연주와 노래를 들려주는 사람이 있어 즐겁게 음악을 감상할 수 있었다. 안 그래도 조금은 느끼한 그 노래가 더욱 기름져진 느낌이었지만, 라틴 변주가 너무나 잘 어울렸다. 그렇게 지하철과 지하철역 주변에서 들려주는 음악은 유쾌하게 받아들일

enes aCongreso d Tucumán
de Julio
sinusoidal

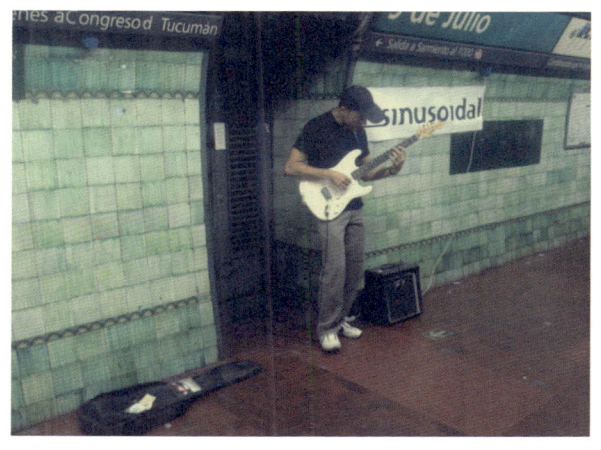

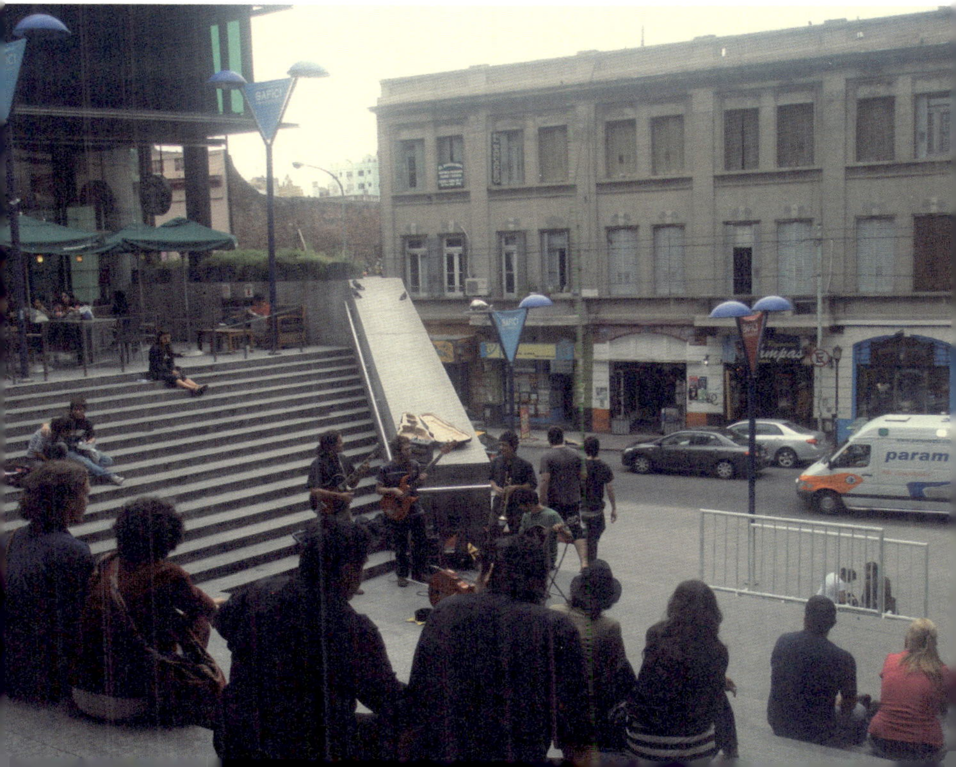
param

수가 있지만, 가끔 좁디좁은 버스에 큰 퍼커션 같은 악기까지 들고 와서 설치는 친구들도 있다. 그런 친구들이 한 번 버스에 타면 대여섯 명도 더 되는 사람들이 버스에 오를 수 없을 것처럼 보이는데, 운전기사는 굳이 승차를 거부하지는 않는다. 그렇지 않아도 답답한 공간을 비집고 들어와서는 그들만의 연주와 노래를 시작하는데 반응이 좋을 리 없다. 냉담한 정도까지는 아니지만, 음악이 끝났을 때 나오는 형식적인 박수 외에는 어떠한 애정과 관심도 전해지지 않는다.

아무리 그럴듯한 음악도 내가 그 음악을 아름답게 받아들여 줄 만한 상황이 되지 않는다면 관대히 들어주기 어렵다. 그렇다고 저 젊은 악사들에게 짜증을 내고 싶지는 않다. 저들도 버스나 지하철에서 연주를 하고 싶어 음악을 시작한 것은 아니었을 거라는 생각이 들기 때문이다. 그래도 지금 연주하고 있는 이 곡을 마지막으로 속히 버스에서 하차해 주기를 바랐다. 오늘은 들을 만큼 들었고, 좀 더 향상된 연주력과 새로운 레퍼토리로 언젠가 다시 만나게 된다면 기꺼이 3페소 정도 건넬 의향이 있다.

코파 리베르타도레스를 보다

남미에 오면서 세웠던 목표 중 하나가 가능한 한 많이 직접 경기장에 찾아가서 축구를 관전하는 것이었다. 특히 아르헨티나에서는 아르헨티나 프로축구의 1부 리그인 프리메라 디비시온 경기는 물론이고, 남미 축구 클럽 대항전인 코파 리베르타도레스 경기, 그리고 4년마다 개최되는 남미 대륙 최고의 국가대항전인 코파 아메리카 경기까지 적어도 한 경기 이상은 보겠다고 마음먹었다. 특히 이번 주에는 세마나 산타(부활절에 해당하는 날로, 남미 대륙은 물론이고 여러 카톨릭 문화권 국가에서 지켜지는 명절)로 인해 4일이나 되는 연휴가 생겨 이 시간들을 어떻게 보낼까 생각하다가 브에노스 아이레스에서 열리는 축구경기 일정을 살펴보기로 했다. 이전부터 알고 있었던 축구 투어 웹사이트 티켓풋볼(www.ticketfootball.com.ar)에서 정보를 찾아봤다.

아니나 다를까 연휴 전날에 아르헨티나 클럽 아르헨티노스 주니오르스와 브라질 클럽 플루미넨세의 코파 리베르타도레스 조별 라운드 최종전이 잡혀 있었다. 두 팀 모두 무조건 승리를 거두어 놓고, 다른 두 팀의 결과를 지켜봐야 16강 진출을 확정지을 수 있는 상황에 놓여 있는지라 뜨거운 경기가 될 것은 너무나 당연했다. 더욱이 아르헨티나 클럽 대 브라질 클럽의 경기인 만큼, 자연스레 AFC 챔피언스리그의 한−일 클럽 대결이 오버랩되면서 예약을 하지 않을 수가 없었다.

아르헨티나에서는 축구 경기가 있는 날 크고 작은 사건사고가 꽤 빈번히 일어나는 편인데다가 내 주위에는 이 시합에 매력을 느낄 만큼의 축구팬이 없어 혼자 경기를 관람해야 했기 때문에 그냥 마음 편히 투어 프로그램을 이용하기로 했다. 7~8만 원 정도의 비용이 드니까 싸다고 말할 수는 없는 가격이지만, 땅고 공연을 보는 것도 10만 원을 훌쩍 넘는 판에 크게 억울한 수준의 금액은 아니라는 생각이다. 사실 축구 투어는 말이 투어이지 그냥 입장권에다 왕복 교통을 제공하는 게 전부이다. 다른 에이전시들은 괜히 저녁 메뉴까지 끼워서 2~3만 원쯤 비용을 더 받는 곳이 많은데, 기껏해야 남미식 핫도그인 빤쵸나 조각 피자에 맥주 한 병이 전부이니 내게는 티켓풋볼의 간단명료한 프로그램이 훨씬 더 유용하게 느껴졌다.

약속시간에 집 앞에 서 있으니 고물 자동차를 타고 온 민머리 청년이 경적을 울리며 내 이름을 확인한다. 뭔가 이상해서 티켓풋볼 투어 차량이 맞는지 물으니 예약 인원이 많을 때는 버스로 이동하지만, 사람이 적을 때는 본인의 차로 고객들을 모신다고 원맨밴드 아니 원맨컴퍼니 티켓풋볼의 대표인 에르난이 친절히 설명해 준다. 버스 안에서 새로운 여행자들을 만나고 축구에 대한 얘기를 꽃피울 생각을 하고 있었는데 뭔가 아쉬움이 남는 출발이다. 하지만 에르난과 얘기를 나누다 보니 그런 아쉬움도 이너 사라졌다. 그에게 우리나라 뮤지션 이한철이 만들고 부른 노래 '바티스투타' 얘기를 했더니 너무나 놀라워 했다. 물론 바티스투타가 아르헨티나뿐 아니라 전 세계적으로 유명한 축구선수이기는 했지만, 지구 반대편의 나라에서 그에 대한 찬가가 만들어졌을 거라는 생각을 하기는 어려웠을 거다.

한 삼십 분쯤 달리니 오늘 경기가 열리는 아르헨티노스 주니오르스의 디에고 아르만도 마라도나 스타디움이 눈에 들어온다. 그렇다. 마라도나의 이름이 붙여진 경기장인 것이다. 많은 축구팬들이 마라도나와 보까 주니오르스를 동일시하지만, 사실 마라도나는 보까보다 아르헨티노스에서 더 오래 생활을 했고, 열여섯 나이에 프로선수로 데뷔한 팀도 바로 아르헨티노스 주니오르스이다. 사실 이 경기장은 한인들의 상권이 있는 아베쟈네다 지역을 들를 때마다 버스에서 몇 번이나 봤던 터라 크게 새로운 느낌은 없었다. 낡고 규모가 작은 평범한 축구장이다. 에르난은 경기장 근처에서 합류하기로 한 브라질 여행자가 한 명 있다며 연락을 취한 후 내가 있는 쪽으로 데려왔다. 상 파울루에서 온 필립이라는 친구였다. 필립은 브에노스 아이레스에서 보내는 일주일의 휴가 동안 다섯 번이나 축구 경기를 봤을 정도로 축구광이었다. 에르난은 경기가 끝난 후에 다시 만나기로 했고, 나와 필립은 드디어 마라도나 스타디움으로 입장했다.

브라질에서 온 사내와 한국에서 온 사내가 초면임에도 크게 어색한 분위기 없이 대화를 이어나갈 수 있다는 것, 바로 그런 것이 축구가 축구팬들에게 주는 선물이 아닌가 싶다. 필립은 상파울루 FC의 열혈 팬이었고, 내가 응원하는 한국 클럽은 어디인지 궁금해 했다. "아… 이건 말하기가 좀 우스운 이야기인데, 내가 응원하는 팀은 몇 년 전에 사라졌어."라고 솔직히 말해 줬다. 필립은 무슨 말인지 모르겠다는 표정이다. "뭐, 팀이 하위리그로 강등되어서 현재 1부 리그에 응원하는 팀이 없다는 얘기인 거야? 그런 말은 아닌 것 같은데. 사라졌다는 게 뭐지?" 부정할 수 없는 사실이고, 한국 프로스포츠 시스템에 분명히 횡행하는 일이므로 그냥 가감 없이 솔직하게 얘기를 해줬다.

"한국에서는 대개 기업들이 축구팀을 운영하고 있거든. 그래서 더 나은 팬덤이나 좋은 여건을 갖춘 연고지를 찾아 팀을 옮기는 일들이 있어. 이건 뭐 축구에서만 있는 일은 아니고, 야구나 농구 등의 프로 스포츠에서도 벌어져. 내가 응원하던 팀은 몇 년 전에 다른 도시로 옮겨갔어. 팬들은 다 흩어졌고. 하하하." 어색하게 웃으며 얘기를 했더니, 필립이 한마디 한다. "그런 팀은 망해 버려야 돼. 그리고 그런

팀이 잘 된다는 건 말이 안 되는 거야. 음… 얘길 들어보니 한국 축구는 미국 프로스포츠 문화에 큰 영향을 받았나 보네. 왜 영화도 음악도 아닌 축구까지 미국 스타일이 되어 가는 건지 난 그게 정말 싫어."

"그래, 맞아. 그런데 그때 그 팀은 없어졌지만, 다행히도 새로운 팀이 만들어졌고 이제 2부리그에 참여할 수 있게 되었어."

우리는 이런저런 축구 얘기로 킥오프까지의 한 시간을 무난히 해결해 냈다.

플루미넨세에는 유럽에서 꽤 훌륭한 족적을 남긴 데쿠와 프레드가 있어 그들의 플레이를 볼 수 있다는 기대감을 가졌으나, 데쿠는 부상으로 이날 엔트리에서 제외된 상태였다. 하지만 마라도나 스타디움에는 전광판이 없어서(처음 본다. 전광판이 없는 프로축구 경기장은…)선수 명단을 확인할 수 없었다. 아르헨티노스 주니오르스에는 아는 선수가 한 명도 없었는데, 그들의 플레이를 지켜보고 있자니 이 팀에 내가 아는 선수가 한 명도 없다는 사실이 내 잘못만은 아니었다는 생각이 들어 꽤나 위안이 됐다. 경기는 4 대 2 플루미넨세의 승리로 끝났고, 16강 진출 역시 플루미넨세의 차지가 되었다. 경기가 끝나고 얼마 지나지 않아 또 다른 시합이 벌어졌는데, 이번에는 축구가 아니라 격투기였다. 바로 양 팀의 선수들과 코칭스태프들 그리고 팬들까지 그라운드에 뛰어들어 몸싸움이 벌어졌고, 끝내는 경찰들까지 이 혼돈을 정리하려 잔디를 밟는 상황에 이르렀다. 이 구경도 축구 못지않게 재미있었지만, 점점 충돌이 심각해지는 느낌이 들어 긴장이 되었다. 내 불안한 표정을 읽었는지 필립은 씩 웃으며 한마디 덧붙인다.

"다니엘, 걱정할 것 없어. 이런 건 브라질 팀이랑 아르헨티나 팀이 축구를 할 때마다 일어나는 일이야. 물론 매번 그런 것은 아니지만, 놀랄 정도로 드문 일도 아냐. 이런 것도 다 남미의 축구 문화라고 생각하고 즐겨." 그런 말을 들으니 마음은 한결 편해졌지만, 우리는 경기가 끝난 지 한 시간 가까이 되었음에도 경기장 밖을 나서지 못하고 있었다. 처음으로 현장에서 대면한 남미 축구. 여섯 골이나 볼 수 있었다는 건 상당한 즐거움이었지만, 두 팀의 수준이 그렇게 높다는

느낌은 받지 못했다. 우리나라의 K리그 클래식이나 AFC 챔피언스 리그와 비교해도 별 차이가 없어 보였다. 어쨌든 나의 첫 남미 축구 관람은 그렇게 끝이 났고, 에르난과 필립을 알게 된 것이 축구 못지 않은 소득이 됐다. 아! 에르난은 훗날 내가 보내준 이한철의 '바티스 투타'를 듣고 상당히 즐거워했으며, 다른 아르헨티나 친구들에게도 그 음악을 소개했다고 얘기했다.

브에노스 아이레스
국제 독립영화제

브에노스 아이레스에서는 매년 4월 꽤 큰 규모의 영화제가 열린다. 바로 BAFICI(Buenos Aires Festival de Internacional de Cine Independencia)이다. 2011년, 13회를 맞은 이 영화제는 세계 각국의 독립 영화들이 출품되고, 경쟁, 비경쟁 부문으로 나뉘어 상영되는데 아직까지 국제적인 위상을 갖추었다고 말하기는 어려울 것 같다. 깐느, 베니스, 베를린, 모스크바, 선댄스… 이런 영화제들처럼 굳이 영화제 기간에 맞추어 여행을 잡을 정도는 아니라는 얘기다. 하지만 아무런 사전 정보 없이 홍콩을 방문했는데 홍콩 국제 영화제가 열린다면 한 번 가보아도 좋은 것처럼, 혹은 외국인들이 우리나라를 방문했을 때 부산 국제 영화제 일정과 맞는 여유 시간이 있다면 굳이 그걸 피해야만 하는 이유는 없듯이 이 시기에 브에노스 아이레스에 머무르고 있는 내게는 꽤 의미 있고, 흥미로운 선택이 될 것 같았다.

보까 주니오르스를 열렬히 지지하는 세 명의 팬들을 다룬 노르웨이 산 다큐멘터리 '풋볼 이즈 갓'과 아르헨티나 감독이 재일 한국인에 대해 다룬 다큐 '자이니치' 등이 포함된 '단편 모음 2'를 예매했다. 그리고 며칠 전, 인터넷을 통해 알게 된 미국인 친구 데이가 이창동 감독의 '시'를 예매했다고 해서 나도 같은 티켓을 구입했다. '시'는 이미 한국에서 봤던 작품이지만, 아르헨티나 관객들과 스페인어 자막으로 만나는 느낌은 어떤 것일지 기대가 됐다. 그리고 '시'라는 작품에 대해, 이창동이라는 감독에 대해 한 점 부끄러움도 없었기에 이 선택에는 조금의 주저함도 없었다.

엄청나게 많은 영화제에 가본 것은 아니지만, 영화제가 열리는 극장을 찾는 것은 보통의 영화관을 방문하는 것과는 느낌이 다르다. 일단 극장 앞에는 길게 늘어선 줄 속에서 영화를 기다리는 사람들의 표정이 보인다. 그리고 그 줄 끝에 서는 순간부터 그런 감흥이 내게도 똑같이 전해진다. 그때의 느낌은 마치 콘서트장에서 가수의 등장을 기다리는 것, 축구장에서 선수들의 입장을 기다리는 것과 비슷하다. 그러니 보통 극장을 찾을 때와 같은 느낌이 든다면 그게 더 이상한 일이 아닐까 싶다.

'풋볼 이즈 갓'은 정확히 기대했던 만큼의 작품이었다. 축구에 아니 보까 주니오르스와 마라도나에 미쳐있는 세 사람의 얘기를 큰 연출 없이 보여준 다큐멘터리였고, '단편 모음 2'는 다섯 편의 작품 모두

별다른 감흥이 없었다. '자이니치'에 큰 기대를 갖고 있었지만, 일본어 녹음에다 스페인어 자막으로 상영되어 단어 하나하나 쫓아가며 감상하기가 몹시 버거웠다. 영어 녹음에 스페인어 자막인 영화를 보는 것은 그런대로 이해가 되는 수준이지만, 아직까지 스페인어 자막만으로 영화를 볼 수는 없다. 그런 제약 때문에 '자이니치'는 제대로 볼 수 없었지만, 대사가 거의 없었던 다큐 '피싱 인 에스페란사'는 감상에 큰 지장을 주지 않았다. 페루인 아버지와 아들이 낚시 준비를 해서 배를 타고 나가는 것부터 물고기 한 마리를 잡는 상황까지를 담아낸 작품인데, 소년이 물고기를 낚아 들어 올리는 순간, 객석에서는 큰 박수가 쏟아져 나왔다.

그리고 며칠 뒤에는 이창동 감독의 '시'를 보게 되었다. '시'는 데이와 함께 보기로 했기 때문에 극장 근처 지하철역에서 약속을 잡고 기다렸다. 그녀는 브에노스 아이레스 대학교에 교환학생으로 와있는 미국인 학생인데 한국에서 1년 정도 영어를 가르친 경험이 있어, 한국과 한국문화에 대해 큰 관심을 가지고 있는 친구다. 데이와는 얼마간 이메일, 페이스북으로만 연락을 했고 처음으로 만나는 거라 혹시 엇갈릴지도 모른다는 생각에 일찍 약속장소에 나왔다. 여기저기를 돌아다니며 시간을 보냈는데도, 한 시간이 더 남아서 어쩔 수 없이 커피를 한 잔 마셨다. 커피 자체를 좋아하지 않는 편이기도 하지만 시간을 죽이기 위해 커피숍에 들르는 일은 더더욱 내키지 않는 일이다. 그래도 아르헨티나의 커피숍에서는 3000원 정도면 커피 한 잔을 마실 수 있고, 4000원 정도면 크로아상도 두어 개 내어주니까 돈이 아깝지는 않다.

그렇게 한 시간을 보내고, 지하철 역 앞으로 가니 데이가 서 있었다. 처음 만나는 것이었지만, 한눈에 서로를 알아보고 조우할 수 있었다. 한국 영화를 몇 편 봤지만, 이창동 감독에 대해서는 모른다는 데 이에게 간단한 소개를 해주었다. "음… 내가 생각하기에 이창동 감독은 이야기가 가지는 힘을 상당히 중시하는 편이야. 스타일이 뛰어난 연출자라고 볼 수는 없겠지만, 지금까지 본 그의 모든 작품에서 어떠한 실망감도 느껴본 적이 없어. 아마 영화를 보고 나면 너도 이창동 감독의 다른 작품들이 궁금해질 거야." 더 긴 얘기는 영화를 보고 나서 함께 하기로 하고 영화관에 들어섰다. 상영관은 지금까지 서른을 살며 가봤던 어떤 극장보다 규모가 컸다. 스크린도 정말 엄청나게 컸고, 좌석수도 눈으로는 어림잡을 수 없을 정도로 많았다. 영화제 측에서 '시'라는 작품에 대해 꽤 큰 기대를 갖고 있구나 하는 생각이 들 수밖에 없었다.

아무래도 한국어를 영어로 번역하고, 그걸 다시 스페인어로 재번역한 듯한 자막 때문에 이 영화가 가지는 잔재미들이 조금씩 흩어질 수 있다는 생각은 들었지만, 핵심이 되는 메시지를 어지럽힐 정도의 것은 아니었다. 두 시간 반이라는 긴 시간은 더 길게도, 더 짧게도 느껴지지 않았다. 객석의 반응은 뜨겁다고 말할 정도는 아니었으나,

뭔가 깊은 울림이 있었다는 것만큼은 일어서는 사람들의 표정 속에서 어렵지 않게 느낄 수 있었다. 우리는 영화를 보고 가까운 까페로 자리를 옮겨, 맥주를 마시며 영화에 대해 얘기를 나눴다. 데이는 영화를 본 소감을 한 마디로 남겨줬다. "Very Powerful". 이창동 감독의 다른 작품도 보고 싶다는 말에 '오아시스'를 추천해 주었는데, 그 작품을 찾아보았는지는 모르겠다.

이미 본 적이 있는 작품이었지만, 브에노스 아이레스에서 많은 아르헨티나 사람들과 훌륭한 한국 영화를 볼 수 있었다는 사실이 기분 좋았고, 영화와 음악에 조예가 깊은 스물둘의 미국인 여대생 친구가 생겼다는 것이 더 만족스러웠던, 훌륭한 하루였다.

'뿌에이레돈'이라는

화가를 아시나요?

예전부터 주위 사람들에게는 몇 번이나 털어놓은 적이 있지만, 미술에 대한 무지는 나 스스로를 작아지게끔 만드는 것들 중 하나다. 그런데 이런 감정은 타인 앞에서 느껴지는 것이 아니다. 아무도 몰래나 혼자서 느끼는 안타까운 감정이다. 물론 내가 미술을 잘 모른다는 이유로 그걸 가지고 뭐라고 할 사람은 없다. "아… 저 사람 미술에 대해서 좀 지식이 있는 줄 알았는데, 그동안 내가 사람 잘못 봤구나." 하고 생각할 사람도 없을 뿐더러 냉정히 말해 우리나라에서 미술을 화제로 이런저런 얘기를 펼쳐나갈 사람이 얼마나 되겠나 하는 생각이 든다. 나라는 인간 자체가 저질이어서 미술에 조예가 있는 사람이 주위에 하나도 없는 것이라면 차라리 낫겠지만, 그보다는 아직도 우리에게 미술은 막연히 어렵다는 인식이 남아 있어서 미술을 제대로 즐기지 못하고 있는 게 아닐까 생각한다.

그림을 보고 난 후에 "좋다.", "별로다.", "새롭다.", "느낌이 다르다." 정도로 감상을 말하느니 아예 입을 다물고 있는 편이 낫겠다고 생각할 정도로 그 그림에 대한 감상을 정리하는 것이 쉽지 않다. 어떤 열등감을 만회하고 싶어서가 아니라 미술을 조금이라도 가까이서 알고 싶다는 생각으로 기회가 있으면 미술관을 찾으려고 하는 편이지만, 역시 돈을 주고 그림을 보는 것은 그래도 좀 아깝다는 생각이 드니 애초에 미술과 나의 거리는 좁혀질 가능성이 없는 것이 아닌가 싶다.

어쨌든 브에노스 아이레스에는 정말 크고 작은 미술관이 즐비하므로 미술과의 거리를 좁혀볼 생각이었다. 먼저 MALBA(Museo de Arte Latinoamericano de Buenos Aires;라틴 아메리카 브에노스 아이레스 미술관)을 찾았다. 여기저기서 MALBA는 한번쯤 가봐야 한다는 말을 들었기 때문에 마음에 담아두고 있었다. 하지만 아무 때나 갈 수 있는 게 미술관이라는 생각이 들기 시작하면, 미루고 미루다 결국에는 놓치게 되어 버릴까봐 다가오는 수요일을 기다리고 있었다. 수요일은 무료 혹은 50% 정도 할인된 입장료로 브에노스 아이레스 시내의 박물관, 미술관 등을 관람할 수 있다. 지금도 그런지는 모르겠지만.

무료입장으로 들어온 만큼 작품을 하나하나 뚫어지게 감상해 줄 의욕이 생기지 않는다. 나를 사로잡는 그림 앞에서는 조금 더 시간을

할애하게 되지만, 그렇지 않은 대부분의 작품들은 1~2초에 지나쳐
버린다. 역시 미술과 친해지는 건 어렵다. 술도 마실수록 늘고, 노래
도 부를수록 는다고 하는데, 미술은 보고 또 봐도 모르겠다. 그래도
수확은 있었다. 정말 마음에 드는 그림을 몇 점 볼 수 있었던 거다.
뿌에이레돈(Pueyrredon)이라는 화가의 작품들이었다.

매일 등하교를 하면서 뿌에이레돈 전철역을 지나치는데, 그 역이 이
화가의 이름을 따서 지은 게 아닌가 싶어 뭔가 대단한 발견을 한 것
처럼 기분이 흐뭇했다. 세사르 할아버지에게 이에 대해 말을 걸었는
데, 뿌에이레돈역은 화가 뿌에이레돈의 이름을 딴 게 아니라, 장군

뿌에이레돈의 이름을 가져다 쓴 것이라고 알려주셨다. 뭐, 어쨌든 그런 게 중요한 게 아니다. 나는 아르헨티나에 뿌에이레돈이라는 화가가 있었다는 걸 알게 되었다. 게다가 누군가 내게 어떤 화풍을 좋아하는지 묻는 일이 생긴다면, 다음과 같은 대답까지 할 수 있게 된 것이다.

"저어… 혹시 아르헨티나의 뿌에이레돈이라는 화가 알고 계신지 모르겠어요. 그로 말할 것 같으면… "

브에노스 아이레스
서점에는 한국이 없다

오늘은 너무나 기분이 안 좋은 날이다. 한국과 한국 문화를 좋아하는 친구 히메나의 생일이 얼마 남지 않아서 한국 혹은 서울을 다룬 여행 가이드북을 한 권 사려고 했다. 사실 며칠 전에도 엘 아떼네오(한 언론매체를 통해 아름다운 서점 세계 10위 안에 선정된 곳. 이런 랭킹이 있다는 것도 꽤 이상하기는 하지만)에 갔다가 그냥 별 생각 없이 한국 관련 서적을 찾아보았는데, 한 권도 보이지가 않았다. 나는 엘 아떼네오 탓을 하기 시작했다. '겉모습만 번지르르하지 책도 별로 없네.' 그런데 더 안타까웠던 건 일본이나 중국, 그리고 홍콩에 관한 책들은 종류도 많았고, 비치된 수량도 상당히 많았다는 거다. 베트남, 태국, 타이완, 싱가포르 같은 나라들의 책도 두어 권씩은 있었고.

글쎄 나를 비롯한 우리나라 사람들이 한국이라는 나라의 국제적 위

상에 대해 착각하고 있는 부분이 상당히 많다고 생각한다. 물론 우리가 경제적으로 많이 성장한 것은 사실이지만, 우리의 눈이 아닌 외국인의 시각으로 볼 때 중국이나 일본을 우습게 볼 정도의 매력을 지닌 나라는 아니었던 거다. 중국은 장구한 역사와 다양한 문화를 가진 대국이고, 일본은 많은 서양 사람들에게 일종의 환상처럼 자리 잡고 있는 아시아의 아이콘 격인 나라이다. 서양인이라고 해도 대부분의 사람들이 드래곤볼이나 슬램덩크, 세일러문, 포켓몬스터 같은 일본 만화, 애니메이션을 보면서 유년 시절을 보냈기 때문이다. 실제로 내가 아는 원어민 영어 강사들 중 중국과 일본을 다소 수월히 여행할 수 있다는 이유로 한국에서 일을 시작한 사람도 적지 않다.

그야 어쨌든 브에노스 아이레스에 가장 큰 서점에서 한국 관련 서적을 하나도 찾지 못한 나는 짜증이 나서 인터넷 검색을 시작했다. '매장의 서가에는 없어도, 웹에서 검색하면 몇 권은 나오겠지.' 하는 생각이었다. 먼저 우리나라를 검색하려다가, 시작한 김에 재미로 중국과 일본에 관한 책들은 얼마나 유통되고 있는지 궁금했다. 서점 홈페이지에서 치나(China)를 검색하니 80종이 넘는 서적이 나왔다. 그리고 하뽄(Japon)을 검색하니 50종 정도 되는 책이 나왔다. 이 정도라면 한국 책도 10권쯤은 있겠구나 생각했다. 그런데 검색창에 꼬레아(corea)를 쳐보니 책은 한 권도 나오지 않았고, 색소폰 연주가인 칙 코리아의 음반만 몇 개 뜨는 것이다.

참 허탈하고, 불쾌하고 씁쓸하다. 우리가 겨우 이 정도의 나라에서 살고 있는 국민이면서 베트남, 캄보디아, 필리핀, 파키스탄 등등 동남아에서 온 외국인 노동자들을 무시하그 낮추어 보았던 거다. 그런 한국 사회의 분위기가 떠오르니 더욱 안타까웠다. 주위에 아무도 없었지만, 컴퓨터 모니터를 바라보고 있는 사람은 분명 나 혼자였지만 얼굴이 시뻘겋게 달아올랐다. 아니 일부러 오타를 내서 씨벌겋게 달아올랐다고 적는다면 더 적절한 표현이 될 것 같다. 무엇이 한국을 알리는가? 가만히 앉아 있어도 한국에 관심이 있는 사람들이 하나둘 늘어날 거라고 생각해왔던 건 아닌가? 문화관광부에서라도 우리나라의 명소를 소개하는 스페인어 가이드북을 한 권 만들어줬으면 좋겠다는 생각이 들었다. 스페인어가 영어 다음으로 많이 쓰이는 언어라는 사실을 간과해서는 안 된다.

스페인어 말장난

나는 말장난을 좋아한다. 아니 굳이 이런 말을 할 필요가 있을까 생
각이 들 정도로 말장난하는 것을 싫어하는 사람은 없을 거라는 생
각이 든다. 남이 내 앞에서 말장난하는 것을 듣고 있는 건 때에 따라
상당히 짜증나는 일이지만, 반대의 경우라면 확실히 그렇지가 않다.
대개 말장난이라는 게 정말 크게 터지는 폭발력 있는 농담이 아니기
때문인 것 같다. 내가 할 때는 그냥 혼자서라도 피식 웃을 수 있지
만, 남이 내 앞에서 되도 않는 말장난을 던질 때는 정말 같잖아서 대
꾸도 하기 싫어진다.

스페인어를 공부하면서도 괜스레 말장난이 떠올라 혼자 웃음을 지
을 때가 많다. 정말 별 것도 아닌 수준이어서 남 앞에서 이런 말장난
을 한다면 그나마 몇 되지도 않는 친구들마저 다 사라져 버릴 수도
있기 때문에 지면을 통해 풀어놓는 게 낫겠다는 생각을 했다. 그런

데 말장난이라도 입을 통해 전해지는 거 아니라 일단 이렇게 활자화되어 버리면 글장난이지 않을까? 음…

남미의 어딜 가든 건물에는 '살리다(salida)'라는 안내가 있다. 살리다는 출구라는 뜻이다. 그냥 출구를 뜻하는 것뿐이지만, 화재 같은 사고가 발생한 건물 안에서 살리다 표시를 본다면 그것이 그냥 출구를 뜻하는 건 아닐 것 같다. 뭔가 우리의 생명을 살리는 어떤 구원의 길처럼 느껴질 것이다.

수퍼마켓이나 마트에 가면 '살치차(salchicha)'라는 음식을 볼 수 있다. 살치차는 소시지를 뜻한다. 가게에서 살치차를 보고 있자면 왠지 누군가 이거 먹고 같이 살찌자고 꼬드기는 듯한 기분이다. 원 발음은 '살치차'에 가까운데, 홈스테이 할머니가 '살찌짜'라고 발음을 해서 더 이런 생각이 들었던 것 같다.

아무래도 살치차를 많이 먹으면 살이 찌겠지. 그러면 살을 빼러 운동을 할 수 있는 '힘나시오(gimnasio)'에 가야 한다. 힘나시오는 체육관이나 웨이트 트레이닝을 하는 클럽, 그러니까 헬스장을 말한다. 뭔가 단어부터가 정말 다 같이 힘내서 열심히 운동하자고 격려하는 듯하다. 힘나시오. 힘내시오!

대개 청혼을 할 때는 남자가 여자에게 반지를 선물한다. 스페인어로

FARMACIA
SAN PEDRO
BAYASPIRINA
ESBA
Santander Río

SANGRE
DE PIONEROS
Psicología
HISTORIA
Fórmula

반지를 뜻하는 명사는 '아니요(anillo)'다. 그러니까 청혼을 거절해야만 하는 상황이 올 때, 안타깝지만 '아뇨'라고 확실히 발음해주면서 반지를 받지 않으면 상황이 정리되는 거다.

"저 정말… 곰곰이 많이 생각해 봤는데요. 아무래도 난 이 아니요의 주인 될 사람이 아니에요!"

단순히 말장난에 불과한 거지만, 이 상황을 머릿속으로 떠올려보면 꽤나 견디기 어려운 장면이 되는 것 같다. 부디 실제로는 사랑하는 여자로부터 '아뇨' 소리를 듣게 되는 남자들이 없었으면 좋겠다. 그런데 반지를 받으면 무조건 결혼을 해야 하는 건가?

"정성을 생각해서 반지 선물은 감사히 받겠어요. 하지만 청혼을 받아들이긴 어려울 것 같네요."

"아! 그렇군요. 역시 어려운 일인가요? 전 괜찮으니 그럼 반지라도 예쁘게 쓰세요! 안녕!"

이런 장면은 현실에서 일어날 수 없는 걸까?

못 견디게 조용한 항구,
꼴로니아

우루과이의 꼴로니아는 1박2일로 여행하기에 최적인 곳이다. 조금 무리해서 바삐 움직이거나 시티투어를 이용해 대충 둘러볼 만한 곳만 가보고, 사진만 찍는다면 하루만으로도 충분하다. 하지만 이것저것 천천히 살펴보면서 간간히 여유를 찾을 수 있는 휴식을 갖고 싶다면 1박2일이 제격이다. 적어도 3~4일 정도는 머물러야 하겠다면, 굳이 말리고 싶은 생각은 없지만 딱히 즐길 만한 것들이 많지 않은 게 사실이다. 카지노도 있고, 투우장도 있지만 특별한 매력을 지닌 것은 아니고, 그저 관광도시의 구색을 맞추기 위한 정도로 느껴진다. 아마 재미로 시작했던 카지노에서 잃었던 원금을 회수해야만 하는 상황에 놓이지 않는다면 체류가 더 길어질 이유는 없을 것 같은 그런 곳이다.

아침 일찍 집을 나와 배를 타고 자리를 잡고 앉았는데, 뒤늦게 온 한 가족이 나를 기점으로 둘로 나뉘어 앉아야 하는 상황이 되었다. 어차피 겨우 한 시간 정도밖에 걸리지 않는 쾌속선이기 때문에 그리 오랜 작별은 아니겠지만, 귀여운 꼬마 삼남매가 아빠, 엄마와 따로 앉아야 하는 게 마음에 걸려 자리를 바꾸어 주었다. 이런 건 친절이라고 말하기도 우스울 정도로 아무 것도 아닌, 작은 배려이지만 일단 그렇게 하고 나면 기분이 상당히 좋아지는 것 같다. 뭔가 내가 좋은 사람이 된 것 같은 기분. 한 시간여 만에 다른 나라에 도착하는 이 기분은 홍콩에서 페리를 타고 마카오에 갔을 때와 거의 흡사했다.

페리 터미널을 빠져나오니 공항과 마찬가지로 '비엔베니도(잘오셨어
요.)'라는 환영인사가 크게 새겨져 있다. 그러고 보면 우리의 '어서 오
세요.'라는 인사는 상당히 이상한 표현인 것 같다는 생각이 든다. 물
론 그 인사가 잘못되었다거나 듣기 거북한 표현이라는 뜻은 아니다.
그냥 말 그대로 이상하고 독특한 인사이지 않나 하는 생각이 드는
거다. 분명히 인사인데, 어떻게 보면 지시, 명령하는 투의 말이기도
하니.

같이 여행을 하기로 한 미국인 친구 앤드류는 쾌속선이 아니라 세
시간 정도 걸리는 일반 페리를 끊었기 때문에 나보다 서너 시간 뒤
에나 도착한다. 나는 앤드류가 오기 전까지 시간을 최대한 잘 활용
하고 싶었다. 짧은 여행이기는 하지만, 동행자가 있으면 여행이 어
떻게 달라질지는 알 수 없는 법이므로 나만의 시간을 잘 쓰고 싶었
던 거다. 강가를 따라 길을 걷는데, 캠핑을 하고 있는 것 같은 한 가
족이 보였다. 의외로 반갑게 먼저 인사를 건네준다. 이건 한 시간 떨
어진 아르헨티나 브에노스 아이레스와는 상당히 큰 차이다. 얘기를
조금 나누면서 그들의 모습을 보니 단순히 소풍을 온 가족 같지는
않았고, 히피의 느낌이 났다. 등대 근처에서 수제 액세서리 같은 걸
팔고 있으니까 오후에 구경 오라며 몇 개를 보여준다. 그다지 관심
이 생길 만한 것들은 아니다. '이런 걸 파는 것만으로는 생계유지가
어려울 것 같은데' 하는 생각이 들었지만, 그들은 그런대로 행복한
가족의 모습을 띠고 있었다. 가족사진을 한 장 찍고 싶다고 하니 자

고 있던 개까지 깨워서 모델이 되어 주었다. 짧게 인사를 나눈 후 처음 보는 꼴로니아의 골목길로 걸어 들어갔다.

거리를 혼자 걷고 있으니까, 여기저기서 쳐다보는 사람도 많고, 먼저 웃으며 인사를 해오는 사람들도 많다. 동양인이 거의 살지 않는 마을이어서 더 그런 것 같다. 아이들은 '치노~ 치노~'하면서 손짓을 한다. 이럴 경우 그냥 나도 인사를 하고 지나가지만, 아이들끼리 나누는 얘기가 치노에서 조금 더 나가는 것 같으면 치노가 아니라 꼬레아노라고 바로잡아 얘기해 준다. 그리고는 우루과이 애들한테 "너희는 아르헨티나 사람들이지?"라고 묻는다. 그러면 백이면 백, 아이

들은 흥분하여 펄쩍 뛰면서 "아냐. 우린 우루과이 사람이야."라고 한다. 이런 반응이 재미있다. 사실 난 치노라고 불리는 게 기분 나쁘지 않다. 아시아인과 중국인을 동일하게 생각하는 사람들은 거의 어린 아이들이거나 노인들인 경우가 많다. 웬만큼 교육을 받은 보통 사회인이라면 무턱대고 치노라고 부르지는 않는다. 이건 우리나라의 경우도 마찬가지 아닌가? 꼬마들이나 할아버지, 할머니들은 서양 사람만 봐도 미국사람이라고 생각하고, 그렇게 부르는 일이 많으니까 그냥 그러려니 하고 넘어가면 되는 거지. 지나가면서 호기심에 불러보는 그 치노라는 말을 굳이 일일이 지적해줄 필요가 있나 싶은 거다.

치노 소리를 수십 번 듣긴 했어도 나는 꼴로니아에서 정말 좋은 시간들을 보냈고, 앤드류, 니꼴라스와 함께 나눈 긴 대화는 이 여행을 더 즐겁게 만들어 줬다. 앤드류는 스페인어 수업을 함께 들으며 가까워진 미국 친구이고, 니꼴라스는 나보다 세 시간 정도 늦게 이곳에 도착한 앤드류가 배에서 낚아온 프랑스 친구이다. 남미의 우루과이 땅에서 아메리카의 미국인, 유럽의 프랑스인, 아시아의 한국인 남자 셋이 함께 여행을 하게 된 것이다. 셋 모두 여자가 있었으면 좋겠다는 생각은 했겠지만, 어느 누구도 그런 얘길 입 밖으로 꺼내지는 않았다.

대낮에 강가를 걸으니 괜히 기분이 평온해져서 노래 한 곡을 부르고 싶어졌다. 뜬금없이 노래를 시작하면 앤드류가 '이 녀석 뭐지?!' 할

103

것 같아 앤드류한테 먼저 한 곡 불러보라고 얘기했다. 앤드류는 밥 말리(Bob Marley)의 'Three Little Birds'를 불렀고, 나는 김현식의 '내 사랑 내 곁에'를 불렀다. 처음부터 그 노래를 부르고 싶었는데, 앤드류가 부른 밥 말리 노래에 이어 부르게 되니 자연스럽게 요절 가수 연작이 되어 버렸다. 하지만 앤드류의 노래는 희망적인 내용을 담은 가사였고, 내가 부른 김현식의 노래는 절망적인 가사를 갖고 있다는 게 달랐다. 어쨌든 나에게는 아무 생각이 없이 갑자기 불러 젖힐 수 있는 노래가 김현식의 '내 사랑 내 곁에'다. 아, 나이 들어 보여.

노래가 끝난 후 우리는 계속 강변을 거닐었다. 발바닥이 아플 정도로 오랜 시간을 걸었다. 점심부터 오후 대여섯 시까지 그렇게 꼴로니아의 거리를 걸으면서 시간을 보냈다. 아무리 걸어도 그리 눈에 띄는 것이 없다. 한 나라의 유명 관광지를 이렇게 단정지어도 괜찮을까 싶지만, 정말 무료한 동네다. 저녁은 니꼴라스와 함께 먹기로 했다. 셋 모두 뭔가 특별해 보이는 식당을 찾고 싶었지만 조금 괜찮아 보이는 곳은 가격이 비싸기 일쑤여서 저녁 먹을 곳을 찾는 게 쉽지 않았다. 한 골목에서 앤드류가 얘기한다. "우리 힘들어도 조금만 더 깊이 들어가 보자." 나는 이 상황이 지루해서 앤드류의 말을 음담패설로 전환해 들었다.
"앤드류, 그건 식당 찾을 때 하는 말이 아니라 네가 네 여자친구랑 섹스할 때 쓰는 말처럼 들린다."
"하하… 진짜 그러네."

앤드류도, 니꼴라스도 웃는다. 이 얘기가 있은 후 그날 저녁 우리는 '더 깊이'라는 말을 얼마나 많이 썼는지 모른다. 그 말은 정말 어디에 갔다 붙여도 적절하게 섹스와 관련된 농담이 되어 주었다. 프랑스 남자, 미국 남자, 한국 남자가 우루과이에서 저녁을 먹는다. 당연히 술이 필요하다. 술은 프랑스에서 온 니꼴라스가 고른 와인으로 정했다. 와인은 아무리 마셔도 뭐가 뭔지 모르겠지만, 저녁 식사에 잘 어울릴 만큼 좋았고, 음식도 다 괜찮았다.

술이 점점 오르기 시작하니 영어로 대화를 해야 하는 사실에 괜스레 짜증이 났다.

"야, 우리 영어로 얘기 그만하자. 난 한국말로 할 테니까, 니꼴라스 넌 그냥 프랑스어로 얘기해. 앤드류는 계속 영어 쓰고. 정말 잠깐이라도 그렇게 얘기 한 번 해보자."

니꼴라스도 앤드류도 재미있을 것 같다며 내 제안에 동의했다. 하지만 우리의 대화는 겨우 3분 정도만 지속되었고, 다시 영어로 돌아올 수밖에 없었다. 영어는 한 나라의 모국어가 아니라 그냥 국제어라고 생각을 하면 심사가 뒤틀릴 게 없는데 가끔은 그 사실이 피곤하고, 짜증날 때가 있다.

우리는 즐거운 식사를 마치고 술을 좀 더 마시기로 했다. 슈퍼마켓에서 맥주를 몇 병 사서 공원이나 거리의 벤치에서 한잔 할까 했는데, 강바람이 너무 차가워 호스텔로 돌아가기로 했다. 호스텔에서 술을 마시다 보니 다른 여행자들도 지나가며 인사를 건넸다. 몬테비데오에서 온 대학생 녀석들이 말아주는 우루과이 폭탄주를 두 잔 정도 마셨다. 무엇을 섞어 어떻게 만들었는지도 모르면서 그냥 주는 대로 마셔 버렸다. 사내아이들은 역시 지난 월드컵 16강전 얘기를 꺼낸다. 나는 스트라이커 수아레스와 골키퍼 무슬레라 때문에 한국이 졌다고 말했다. 그건 사실이었고, 그렇게 얘기해주는 게 그 우루과이 친구들 기분에도 좋을 것 같았다. 그런데 한 우루과이 녀석이 말한다.

"아냐. 그게 아니라 한국에는 박지성 말고는 월드클래스인 선수가 없어서 우루과이를 이길 수 없었던 거야. 특히 공격수들의 결정력과 골키퍼의 판단력이 형편없었어."

그의 지적 역시 사실이었다. 아주 오래 전 얘기이지만, 한 때는 박지성 선수를 좋아하지 않았다. 그땐 정말 딱 그 정도로밖에 축구를 볼 줄 몰랐던 것 같다. 하지만 우루과이 같은 레벨의 팀을 상대로도 마음먹은 대로 플레이할 수 있는 선수가 우리나라에 앞으로 또 있을까 생각해 보면 그림이 쉽게 그려지지 않는다. 이 말이 잘 이해가 되지 않는 사람들은 박지성 선수의 2010 월드컵 우루과이전 하이라이트 영상을 찾아보면 될 거다. 바로 이해가 될 것이라고 생각한다. 그가 얼마나 훌륭한 선수였고, 대표팀의 전력과 전술이 모두 그에게서 시작되었다고 말해도 과언이 아니라는 것을.

어쨌든 그렇게 우루과이 여행자들과 술을 마시면서 몬테비데오 여행에 대해 물었는데, 대부분이 지루할 거라면서 가도 그만 안 가도 그만인 곳일 거라고 얘기해 준다. 하지만 꼭 가보기로 마음을 먹었던 곳이니까 녀석들의 의견은 크게 중요하지 않다. 최대 주량에 가까이 술을 마신 것 같아 호스텔 방으로 자리를 옮겼다. 8개의 침대가 놓인 좁은 방에서 그냥 몸을 누이고 잠을 청했다. 꽤 오랜 시간을 잔 것 같은데, 일어나 보니 대여섯 시간 정도밖에 지나지 않았다. 전날 마신 와인, 맥주, 폭탄주 때문에 머리가 조금 띵하지만, 속이 불편하지는 않아서 천천히 걸으면서 상태를 회복시켰다.

아침이 되어 드는 생각은 배편을 2박3일 일정으로 끊지 않은 게 정말 잘했다는 거다. 정말 할 게 없다. 하도 할 일이 없어서 꼴로니아 쇼핑센터에 가봤다. 규모도 그렇고, 내부 모습도 그렇고 특별한 게 하나도 없는 곳이다. 백화점을 나와 거리를 좀 걸으니 역시 또 지나가는 꼬마들이 치노~라고 소리를 치며 손짓을 한다. 심심해서 정말 할 일이 없어서 그 아이들을 쫓아가 봤다. 내가 말없이 다가가니 뭔가 조금 무서웠던지 아이들이 모두 제각각 흩어져 어딘가로 숨어버렸다. 한 십 분 정도 벤치에 앉아 쉬고 있었더니 아이들이 다시 슬슬 기어 나온다. 나는 다시 그 아이들을 쫓아 뛰기 시작했다. 아이들은 또 사라졌다. 이게 뭐하는 짓인가 싶기도 하고, 혹시 녀석들이 넘어져 다치기라도 하지 않을까 하는 생각이 들어 그냥 항구로 발걸음을 돌렸다.

페리 터미널에서 앤드류를 기다리기로 했는데, 앤드류가 오지 않는

다. 일정을 바꾼다더니 여석이 없어서 타꾸질 못했나 보다. 아니면 카지노에서 돈이 좀 잡히기 시작했던지, 사라지기 시작했던지… 시간이 다 되어 배에 오른다. 항구 건너편에 무지개가 보여 카메라에 담았다. 1박2일의 꼴로니아 여행은 그렇게 정리가 되었다. 꼴로니아에서 어떤 특별한 경험을 한 것은 아니었지만, 이틀이라는 짧은 시간 안에 담겨진 거의 모든 것들이 좋았다. 이곳을 다시 찾을 일은 없을 것이다. 하지만 다시 찾아도 되지 않을 만큼 좋았던 기억만을 가지고 돌아왔다.

콘돔과 브래지어

여행이든, 유학이든, 출장이든 어느 정도 긴 시간을 두고 외국에 나온 한국인들이 당황하게 되는 것들 중 하나가 속옷 혹은 콘돔의 크기가 아닐까 생각한다. 캐나다에서 영어를 공부할 때 콘돔을 몇 개 사본 적이 있는데, 그 사이즈에 놀라 쭉쭉 늘려서 주먹을 넣어본 적이 있다. 결국 찢어지기는 했지만… 굳이 주먹을 넣어 보았던 건 고작 내 물건으로는 여성을 만족시키기 이전에 이 콘돔을 만족시킬 수 없다는 생각에 몹시 화가 났기 때문이었다. 콘돔 따위도 만족시킬 수 없다는 것이 상당한 모멸감을 주지만, 내 사이즈와 내 주위 한국인 남성들의 사이즈를 알고 있는 나로서는 그다지 위축될 만한 일은 아니다.

다르면서도 비슷한 얘기가 될 수 있는 것이, 여성들은 가슴에 딱 맞는 브래지어를 찾기가 어렵다고 들은 적이 있다. 한국에선 나름 가

슴에 힘을 주고 다녔던 언니들도 외국에 나와서는 포근하게 감싸주는 브라를 찾지 못하고, 힙합 스타일 란제리처럼 헐렁헐렁한 것들로 채워야 할 때가 있다고 하니 동병상련이 아닐 수 없다. 그러나 여자가 속옷을 입지 않는 것은 성생활에 큰 타격을 주지 않지만, 남성에게 콘돔이 맞지 않는 경우가 생긴다면 여러모로 지장을 주니 동병상련이라고 해도 그 아픔의 크기까지 같을 수는 없을 것이다. 그래서 준비성이 철저한 사내들은 꼭 한국에서 몇 통씩 콘돔을 사오기도 한다는데, 나는 그 정도의 치밀함이 없어서 콘돔을 챙겨오지는 않았다. 사실 챙겨두기는 했었는데 '에이, 이거 가져가도 쓸 일이 얼마나 있겠어? 뭐 쓸 일 생기면 그때 가서 기분 좋게 사면 되는 거지.' 하는 생각이 앞서서인지 챙겨둔 걸 그대로 집에 두고 와 버렸다.

다행히도 남미의 콘돔은 북미의 그것들만큼 무자비하지는 않아서 뭐 그런대로 사용에 불편함을 초래하지는 않았다. 길이도 적당했고, 폭도 적절한 편이었다. 여러모로 남미는 아시아 남자들도 큰 열등감 없이 기회를 잡을 수 있는 대륙이 아닌가 싶다. 그래도 정말이지 사이즈에 자신이 없는 사내라면 한국에서 가져올 수 있을 만큼 충분히 챙겨오는 것도 나쁘진 않을 것이다. 하지만 캐리어 전체를 콘돔으로 채웠다가는 출입국 수속 때 남창으로 오해받을지 모르니 우리 모두 주의합시다!

바릴로체,
아름다워서 더 외로운

바릴로체는 아르헨티나 중남부에 위치한 마을 '산 까를로스 데 바릴로체'를 줄여 부르는 이름으로, 흔히 남미의 알프스나 스위스로 불리는 유명한 관광지이다. 처음 남미 여행을 생각했을 때는 이곳에 대해 알지도 못하였고, 아르헨티나에 도착해서도 이곳을 여행 후보지로 선정하진 않았는데 만나는 사람들마다 아르헨티나에선 꼭 바릴로체에 가봐야 한다는 얘기를 해서 귀에 담아두고는 있었다. 오히려 '세상의 끝'이라는 별명으로 더 잘 알려진 우슈아이아보다 훨씬 더 볼 게 많은 곳이라고들 했다.

그러다 바릴로체를 찾아 가봐야겠다는 생각이 들었던 건 단 하나, 그곳의 경관들을 카메라와 내 두 눈 그리고 가슴에 담고 싶다는 욕심에서였다. 몇 해 전, 캐나다의 로키 산맥을 여행했을 때 세계 10대

절경이라는 레이크 호수에 간 일이 있다. 엽서에서나 봤던 그 모습을 내 눈에도 직접 담고 싶었으나, 완벽히 얼어버리고, 폭설에 덮혀버린 그 호수에서 나는 어떤 느낌도 받지 못했다. 로키 산맥을 여러 번 방문할 여유가 된다면 계절마다 와 보는 게 정말 좋겠지만, 그럴 상황이 되지 않는다면 봄이나 여름에 방문하는 것밖에는 답이 없겠다는 생각이었다. 그리고 그런 기억 때문에 바릴로체 땅은 이 가을이 다 지나가기 전에 밟겠다는 생각뿐이었다. 브에노스 아이레스에서 버스를 타고 20시간을 달려 바릴로체에 도착했다.

아르헨티나와 남미에서 장거리 버스는 그저 교통수단에 그치지 않는다. 그 자체로 하나의 여행이 된다고 생각한다. 기내 엔터테인먼

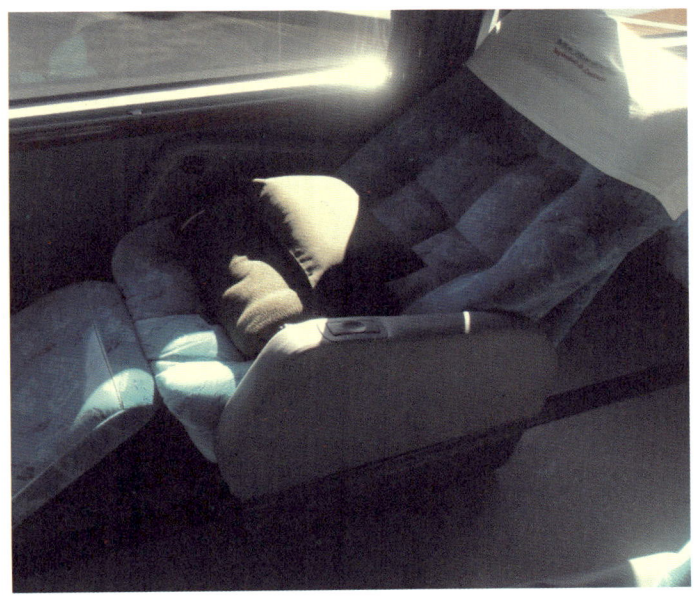

트처럼 영화를 골라 볼 수 있는 것은 아니지만, 20시간의 운행 동안 서너 편의 영화를 틀어주니 그 중 한 두 개 정도는 큰 기대치 없이 즐겨 줄 만하고, 음료나 주류, 음식도 웬만한 비행기에 비해 떨어질 것이 없으니 하루 가까이 차 안에서 보내야 한다는 게 그렇게 부담 스러운 일은 아니다. 돈을 아끼기 위해서이기도 하지만, 또 다른 재 미를 위해서 비행기가 아니라 장거리 버스를 이용하는 여행자들도 많다.

어쨌든 그렇게 도착한 바릴로체에서 5일 동안 여행을 했다. 아무래 도 수려한 자연 경관을 자랑하는 곳인 만큼 젊은 여행자들보다는 나 이 지긋한 관광객들이 많다. 버스를 함께 타고 온 우루과이 노부부

아드리안 할아버지, 릴리얀 할머니도 그랬다. 내가 묵게 된 호텔에도 노인대학 같은 곳에서 단체 관광을 오신 것 같은 할아버지, 할머니들이 오십 분 정도 계셨다. '그래, 뭔가 자연 외의 것에서 재미를 찾으려 하지 말고 바릴로체 하나만 담고 가자.' 하는 생각이 들었다. 사실 바릴로체는 그 멋진 호수와 숲, 계곡, 산, 바람, 구름 같은 것들을 빼면 이야기할 만한 것들이 없는 곳이기도 하고, 정말 백 마디 말보다는 한두 컷의 사진이 더 훌륭한 설명을 해주는 곳이어서 사진으로 글을 대신하는 편이 글을 쓰는 입장에서도, 읽는 입장에서도 훨씬 더 나을 것 같다는 생각이다. 호텔에서 만난 할아버지, 할머니들과의 얘기도 그런대로 즐거웠지만 그다지 글로 옮길 만큼 색다른 재미가 담긴 에피소드가 되지는 못했다.

첫째 날과 셋째 날은 아드리안 할아버지, 릴리얀 할머니와 같이 투어를 했다. 다른 사람들도 많이 있었지만, 주로 두 분과 돌아다니며 사진을 많이 찍어 드렸다. 할아버지, 할머니는 고마웠던지 먹을 것을 사다 주기도 하셨고, 몬테비데오에 오면 꼭 전화하라고 집에 초대도 해주셨다. 지금으로선 정말 방문하게 될지도 모르고, 그냥 하는 인사말인지 아닌지도 알 수 없지만, 6월이 되어 몬테비데오에 가면 일단 전화라도 한 번 해야겠다고 생각했다. 둘째 날, 넷째 날은 마르 델 쁠라따에서 오신 이탈리아 출신 노부부 루이스 할아버지, 마르따 할머니와 투어를 돌았다. 두 분은 마르 델 쁠라따에서 작은 호텔을 운영하고 있다면서 마르 델 쁠라따에 오면 공짜로 재워주겠다면서 명함을 주셨다. 마르 델 쁠라따는 브에노스 아이레스에서 버스로 다섯 시간 정도 걸리는 바닷가 마을인데, 이미 여름도 다 지났고, 휴양지나 바다를 좋아하는 것도 아니어서 굳이 찾게 될 것 같지는 않다. 다섯째 날은 두 노부부 커플 도두와 함께 투어를 하게 되었는데, 점심은 아드리안, 릴리얀과 먹게 되었다. 점심을 다 먹고 나서 담배를 피우시던 루이스 할아버지가 날 불러 한 말씀하신다.

"다니엘, 너 같은 사람을 보고 뿔난 년(정확한 표현은 아니라는 것을 밝혀두고 싶다. 그러나 할아버지의 표현은 분명 이에 가까웠다.)이라고 하는 거야."

"네? 뿔난 년이요? 그게 뭔데요?"

"너 어제 우리랑 점심 먹었으면 오늘도 우리랑 같이 먹어야지, 오늘

은 다른 사람들이랑 밥 먹었잖아. 바람난 여자를 이탈리아에선 뿔난 년이라고 불러. 무슨 말인지 알겠어?"

"아, 하하~ 네. 그런데 저 분들은 루이스 할아버지 만나기 전에 먼저 만난 분들이에요. 그러니까 경우가 좀 다르죠."

"그래? 다르긴 뭘 달라. 순서야 어찌 됐든 뿔난 건 뿔난 거지."

며칠 째 노년층과 함께 시간을 보내고 있으니 낯선 여행지에서 대화할 상대가 있음에 감사했던 마음이 사그라진다. 또 눈에 들어오는 모든 것들이 하나같이 다 아름답기만 한 곳에 있으니 그 아름다움에 감탄, 감동하는 일도 점점 드물어진다. 바릴로체에서 만나는 자연은 두말할 것 없이 아름답다만, 그런 것들도 사흘 나흘을 넘어가니 지겨워지는 건 어쩔 수가 없다. 그래서 이곳이 노인들을 위한 여행지인 것 같다. 지금이야 내 나이도 서른이나 되었으니, 자연이 주는 아름다움과 신비함을 어느 정도 즐겁게 여길 수 있지만, 이곳을 스무 살 때 놀러 왔더라면 매일 같이 밤이 되기만을 기다려 펍이나 바에서 새로운 사람들을 만나 시간을 보냈을 것 같다.

마지막 날은 투어를 간단히 정리하고 혼자 바릴로체에서 제일 유명하다는 펍, 안따레스에 갔다. 종류별로 맥주를 여덟 잔 가져다주는 샘플러 메뉴가 유명한 곳이다. 한 잔 당 약 150cc씩 여덟 종류의 맥주를 가져다 주는데, 그 중에는 커피 맥주나 꿀 맥주처럼 도저히 기쁜 맘으로 마셔 주기 어려운 것도 있었지만, 대부분 맛있었다. 뭐,

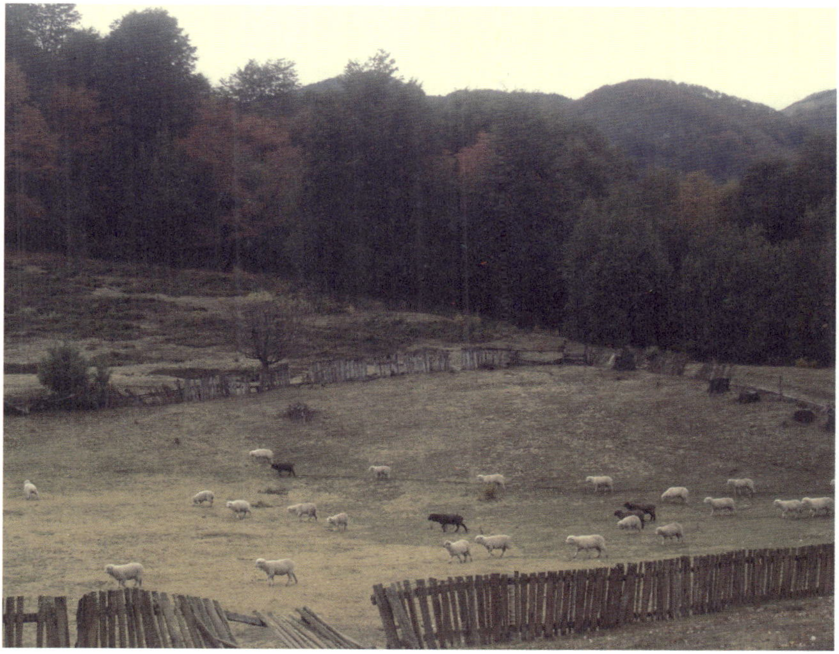

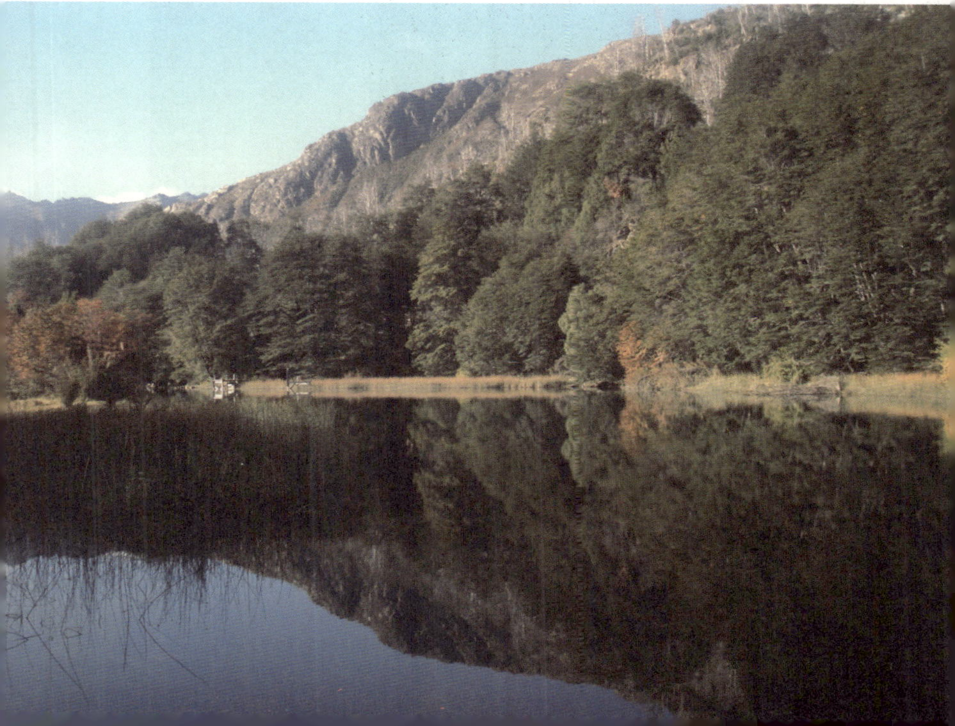

맥주라는 게 쓴 맛, 더 쓴 맛, 덜 쓴 맛 외에 뭐 다를 게 있겠냐마는. 맥주를 다 마시고 특별히 마음에 드는 맛이 있으면 한두 잔 더 시켜 볼 마음이었으나 다음날 다시 20시간 넘게 버스 탈 생각을 하니 그러고 싶은 마음이 싹 다 가셨다. 쓸쓸히 찬바람을 맞으며 호텔로 돌아와 잠을 청했다.

바릴로체는 커다랗고 아름다운 자연으로 날 맞아 주었지만, 내겐 그 아름다움을 정면으로 받아들일 만한 기품이 없었던 것 같다. 그래서인지 홀로 그 아름다움들을 가득 껴안는 것이 버거웠다. 나는 그 순간들을 옆에서 함께 나누어줄 누군가가 필요했는지도 모른다. 언젠가 그런 날이 올 것이라 믿으며 버스에 올랐다.

어떤 남자라도 원했던

그날 밤의 데이

데이가 인터넷 메신저로 말을 건다. 삼겹살 먹으면서 소주 한잔 하고 싶다는 거다. 나는 오늘 집밖으로 나가기가 귀찮아서 다음에 보자고 했는데, 데이가 꼭 오늘 먹어야 한다며 고집을 피운다. 약속 시간을 정하고 한국 식당이 몇 곳 있는 거리에서 데이를 만났다. 그런데 거리의 모든 가게가 문을 닫았다. 그렇다. 오늘은 월요일인데다가 공휴일이다. 보통 아르헨티나에서는 많은 음식점이 월요일에 문을 닫는다. 거기에다가 공휴일이기까지 했으니 문을 열었을 리가 없는데, 나보다 아르헨티나에 오래 머무르고 있던 데이가 그 사실을 몰랐을 것 같지는 않았다. 나를 보자고 한 것이 단순히 삼겹살이나 소주가 먹고 싶어서만은 아니었나 보다.

조금 더 큰 거리로 나가니 바나 펍 같은 데는 영업 중인 곳이 꽤 있

었다. 딱히 배가 고프지는 않아서 같이 술을 마시기로 했다. 나는 아르헨티나의 대표 맥주 낄메스(Quilmes)를 시켰다. 내가 아르헨티나에서 만난 미국인들 중 이 맥주를 좋아하는 사람은 아무도 없다. 이유를 물으면, 왠지 더러운 물로 만든 것 같은 맛이 난다고 한다. 어떤 느낌인지 이해가 잘 되지 않는다. 개인적으로는 물맛이 많이 나는 맥주를 좋아하기 때문에 나는 낄메스를 마시는 것에 아무런 거리낌이 없다. 입맛에 맞는 맥주를 만날 수 있었다는 것에 작은 고마움도 느낀다. 어디로 여행을 가든 현지의 맥주를 꼭 마시는 편이다. 남미까지 와서 버드와이저 같은 것을 마실 수는 없다. 가끔 하이네켄을 마시기는 해도.

어쨌든 그렇게 술을 마시며 이야기를 하는데, 데이가 갑자기 가볍지 않은 화제로 대화의 흐름을 바꿔 놓았다.

"내가… 성추행 당한 적 있다는 얘기한 적 있었던가?"

"아니, 얘기한 적 없는데… 그런 일이 있었어?"

"어… 나 몇 년 전에 대학에서 학장을 맡고 있던 교수에게 성추행 당한 적 있어."

이런 종류의 얘기는 그다지 듣고 싶은 것이 아닌데다가, 어떤 문답을 주고 받아야할지 감이 서지 않기 때문에 그저 귀를 기울여 듣는 수밖에는 도리가 없다. 거의 삼십 분을 그 얘기로 보낸 것 같다. 나는 생각을 한다.

'도대체 왜 이런 얘기를 나한테 하는 것일까? 이게 어떤 저의가 있

는 얘기일까?'

생각해 보면 스무 살 시절 잠시 만났던 한 연상의 여인도 자기가 성폭행 당할 뻔했다는 얘기를 한 적이 있었다. 그때도 나는 역시 그게 도대체 무슨 뜻을 가진 이야기인지 전혀 그 의도를 파악하지 못했다.

그냥 단순히 넋두리를 하는 것일 수도 있고 혹은 본인에게만 남아 있는 왜곡된 기억을 진실처럼 늘어놓는 것일 수도 있다. 어떤 뜻인지는 모르겠지만, 앞에 앉아 있는 여자가 그런 얘기를 해오면 남자는 당연히 긴장되고, 행동거지를 조심할 수밖에 없다. 내 생각은 이렇게 정리가 되었다. '아… 우린 그냥 친구 사이고, 지금 같이 술을 마시는 것뿐이니 거기에다 다른 생각은 보태지 말라는 우회적인 경고인가보다.' 그런데 조금의 정적이 흐르자 데이가 내 손을 쓰다듬기 시작한다. 정리가 됐던 생각이 다시 뒤엎어진다. 도대체 이게 무슨 경우인지 모르겠다. 아니 그러다가 조금은 알 것도 같았지만, 그냥 상황의 흐름을 지켜보기로 했다. 그저 가만히 있었다.

데이의 손을 내치지는 않았지만, 그렇다고 애써 내 쪽에서 그녀의 손을 어루만지는 일 또한 없었다. 계산을 하고 데이를 먼저 집에 돌려보내려고 같이 택시를 기다리고 있는데, 데이가 나를 벽 쪽으로 밀치면서 입을 맞춘다. 그리고는 그녀의 무엇이 내 안으로 들어오기 시작했다. 음… 키스가 시작된 것이다. 사실 이런 면에 있어서는 정말 비교할 수도 없을 만큼 남성이 여성에 비해 관대한 태도를 보이게 된다고 생각한다. 이런 경우 남자가 여자를 밀어내는 일은 거의 없다고 보면 된다.

먼저 달려든 그녀의 무안함이 우려되었던 나는 더 달려들어 키스를 퍼부었다. 아… 키스를 퍼붓다니 참으로 로맨틱하지 않은 표현이구나. 어쨌든 우리는 거리에서 지나칠 정도로 거칠게 키스를 나눴고, 어딘가 밀폐된 곳으로 향해야 한다는 생각을 했다. 택시를 타고 산 뗄모의 그녀 집으로 들어갔다. 문을 열자마자 누가 먼저라고 할 것도 없이 서로의 옷을 벗기고, 샤워도 하지 않은 채로 몸을 섞었다. 꽤 긴 시간 동안 서로의 몸을 느꼈지만, 글쎄 잘 모르겠다. 내 생각엔 그녀도 나도 진심으로 마음을 다해 섹스를 한 건 아니었다는 생각이 든다. 우리는 분명히 어느 정도는 연기 비스무리한 행동과 대화까지 해보이면서 그렇게 어색해진 서로를 그리고 스스로를 위로했다. 아주 오래오래 뒤척이다가 늦은 시간에 잠들 수 있었다.

그런 걸 두고 사랑을 나눴다고 얘기할 수는 없을 것이다. 그건 나에게도, 데이에게도 분명한 거짓이니까. 하지만 내가 데이에게 그런대로 괜찮은 위로가 되었을 거라는 생각은 했다. 그녀를 즐겁게 하려 연출된 듯 진부한 대사를 몇 번 내뱉었던 것이 마음에 걸리기는 했어도 내 나름대로는 그게 그녀를 위한 배려가 될 수도 있겠다는 생각을 했던 거였다. 백인 여자가 동양인 남자에게(섹스 사대주의?), 그것도 일고여덟 살이나 어린 친구가 그렇게 나를, 아니 옆에 있는 누군가를 원한다는 피 끓는 심정을 표현해 왔는데 그 상황을 있는 그대로 당연히 받아들이는 건 왠지 상대를 무안하게 만드는 행동 같았다. 그래서 상대가 지금 육체적인 교감을 원하는 만큼 나 역시 원하고 있다는 걸 전해 주고 싶었다. 물론 다음날 느껴지는 감정은 그때 그 순간의 감정과는 적잖은 차이가 있을 거라는 생각은 했지만. 어쩌면 데이가 나를 원했던 것이 아니라는 생각이 드는 게 더 마음 편했는지도 모르겠다. 누구라도 원했던 것 같은 그날 밤의 데이를 나는 돌려보내지 않았다. 데이가 날 돌려보내지 않았던 것일 수도 있고.

몇 년 전 캐나다에서 일본인 여자친구 카나코를 아무 일 없이 돌려보냈던 것과는 상황이 달랐다. 아니 상황은 비슷했는데, 내가 그 시간 동안 달라져 버린 것일 지도 모른다. 어쨌든 그 밤은 좀 이상했

고, 오묘했다. 불쾌하지는 않았지만 그렇다고 딱히 유쾌할 것도 없었던 그런 밤이었다. 다음날 우리는 같이 브런치를 먹으면서 의미 없는 얘기들을 늘어놓았다. 어젯밤 이야기는 나도, 데이도 하지 않았다. 어느 정도 어색하기는 했지만, 크게 불편할 것도 없었다. 아르헨티나에 머무는 동안 그 후로도 가끔 데이와 저녁을 먹거나 커피, 술을 마시는 일은 있었지만, 그날 밤과 같은 일이 다시 일어나지는 않았다. 그리고 서로 그때 얘기를 꺼내는 일 역시 없었다. 어쩌면 해가 두 번이나 바뀐 지금 그녀는 우리가 섹스를 했다는 사실조차 잊어버렸을 것 같다는 생각이 든다.

피자 한 판
끝내러 왔수다

피자를 좋아한다. 일 년 내내 피자만 먹고 살라고 하면 할 수 없을 것 같지만… 365일 내내 하루 한 끼는 피자를 먹고 살라고 하면 기꺼이 그렇게 살아줄 용의가 있다. 아르헨티나에는 이탈리아에서 건너온 사람들이 많다는 것을 이곳에 오기 전부터 알고 있었기 때문에 피자를 좋아하는 나는 아르헨티나 피자에 대해 큰 기대를 가지지 않을 수 없었다. 왠지 이탈리아 피자의 정통성과 아메리카 대륙의 차별성이 버무려진 그런 환상적인 피자를 먹어볼 수 있지 않을까 하는 생각을 가졌던 거다.

아르헨티나에서는 정말 어디를 가도 쉽게 피자 가게를 찾을 수 있다. 어떤 레스토랑에도, 어떤 술집에도 피자 메뉴가 있는 것 같다. 얼마 전에는 펍에서 1리터짜리 병맥주를 시키고, 조금 매운 피자를 안주로 먹었는데 꽤 훌륭한 조합이었다. 그런데 아르헨티나 피자가 그렇게 맛있다는 생각이 들진 않는다. 일단 대부분의 피자가 이탈리아 스타일처럼 토핑이 적은 편인데, 두께는 미국 피자처럼 두꺼워서 두어 번 물고 씹다 보면 뭔가 텁텁하고. 지루한 느낌이 든다. 음식에게서 지루한 느낌을 받을 수도 있다는 생각이 들 거다. 아르헨티나 피자가 이탈리아 피자와 미국 피자의 성향을 반반씩 흡수한 것은 맞는데, 뭐랄까 좋지 않은 점들만 취합한 것이 아닌가 싶다. 물론 이런 스타일을 좋아하는 사람에게는 충분히 맛있는 피자가 될 수도 있겠지만… 한국 피자가 세상에서 제일 맛있다고 생각하는 나 같은 사람에게는 뭔가 아쉬운 것이 사실이다.

하지만 가격만큼은 아쉬울 게 전혀 없다. 보통 피자 한 판에 콜라 1.5리터 혹은 맥주 1리터가 콤보를 이루는데, 이 가격이 만이천원 안팎이다. 아무리 비싸도 만 오천 원 정도이지 이만 원을 넘는 경우는 거의 없다. 거기에다 양도 많아서, 브통 한국에서 피자 한 판 정도를 먹는 내가 대여섯 조각에서 멈추기 일쑤다. 물론 아까 말했듯이 그건 전적으로 양 때문만은 아니고, 한국 피자처럼 다채로운 맛을 느낄 수가 없어서 알게 모르게 영향을 받는 것일 수도 있다.

어쨌든 누군가 내게 아르헨티나 피자가 맛있냐고 묻는다면, 이렇게 말하겠다.
"맛있어요. 맛있는데, 우리나라 피자보다는 맛없어요."

음… 굳이 애써 아르헨티나 피자를 추천해줄 만한 특징적인 이유는 없는 것 같고, 뭔가 먹을 만한 것을 추천해야 한다면, 엠빠나다를 추천하겠다. 햄, 치즈, 채소, 고기 등이 섞여진, 만두와 크로켓의 퓨전인 것처럼 보이는 이 빵은 보통 천 원 안팎이고, 삼천 원쯤 주면 콜라 하나가 포함된 콤보로 세 개 정도까지 즐길 수 있다. 스페인에서 유래되었다는 이 음식은 아르헨티나뿐 아니라 남미 전역에서 쉽게 찾을 수 있고, 이태원의 몇몇 음식점에서도 만나볼 수 있다. 물론 가격은 절대 그 가격이 아니지만.

Jamón y Queso

Queso y Cebolla

Carne Picante

03

키스와 축구에 미친 땅

라티노에게 키스란…?

라티노들은 애정 표현에 있어서 너무나 대담한 것 같다. 거리, 공원, 광장, 전철역… 남미의 어디를 가든 키스에 몰두하고 있는 남녀를 만나게 된다. 때와 장소를 가리지 않는 그들의 욕정 때문에 멋진 건물이나 풍경을 카메라에 담으려다가 서로를 탐닉하는 남녀의 모습까지 포착될 때가 꽤 잦을 정도이다. 처음에는 이들의 모습이 자유로워 보여 좋았는데, 가끔은 심하다는 생각이 든다. 어떻게 보면 이런 행동 하나하나가 사회적인 예절 따위에 무신경한 이들의 성향 탓일 수도 있다는 생각이 들어 그다지 유쾌하지 않은 것이다. 물론 공원 벤치에서 입을 맞추고 있는 커플의 모습이 예뻐 보일 때도 있지만, 거의 짐승과 다를 바 없을 정도로 갈구하는 모습에 쓴 웃음이 날 때도 있다.

남들 시선 같은 건 아랑곳하지 않고 애정행각에 여념이 없는 그들이기에 가끔은 아예 대놓고 그런 모습들을 유심히 흥미롭게 지켜봐 준다. 그런데 정말 정열적으로 입을 맞추고 있는 남미의 연인들을 볼 때마다 어떻게 저렇게까지 키스를 하면서 다음 단계로 넘어가지 않고 잘도 참나 하는 생각이 들 때가 있다. 분명히 저 정도로 키스를 했다면 당연히 다음 단계로 넘어가는 게 마땅하다 싶은데, 아니 마땅한 정도가 아니라 넘어가지 않고는 도저히 견딜 수 없을 것처럼 보이는데, 다시 봐도 아직까지 그대로 키스 중인 것이다. '참으로 대단한 절제력이다'라는 생각이 들다가도 저런 절제력이라면 애초에 거리의 많은 눈앞에서 저렇게까지 지나친 키스를 할 필요가 있을까 싶었다.

이런 건 어떻게 설명을 해야 할까? 아마 오줌은 잘 못 참는데, 똥은 잘 참을 수 있는 능력을 가진 사람이 있을 수도 있는 것처럼(있을까?) 남미의 커플들은 애무는 참아도, 키스는 참지 못하는 것일까? 아니면 '애무는 안에서, 키스는 밖에서'라는 불문율이 있는 건지도 모르겠다. 내가 이 따위 말도 안 되는 글을 쓰고 있는 지금도 남미의 수많은 남녀들이 거리, 공원, 광장, 전철역, 까페, 화장실, 성당, 축구장, 엘리베이터, 건축 현장 등의 곳곳에서 키스에 이은 키스를 주거니 받거니 하고 있겠지. 부디 서로의 혀나 입술을 깨물어 피를 보는 일은 없기 바란다.

남자는 하루에 몇 번 발기하는가?

무라카미 하루키 에세이 패러디

남자로 태어나 30년을 별다른 정체성의 혼란이나 특별한 수술 없이 꾸준하게 살아오다 보니 남성만이 가지는 어떠한 신체적 행태에 대해 의문을 가져본 일이 많았다. 특히 아침에 눈을 뜨자마자 굳건히 서 있는 한 친구를 만나게 될 때면 그의 쿠지런함과 당당함에 놀라곤 한다. 어쩌면 이 친구가 워낙 완강하게 일어나 버렸기 때문에 나도 덩달아 어찌할 바 없이 잠에서 깨어날 수밖에 없었던 것은 아닐까 생각해 본다. 이른 아침부터 이런 생각으로 하루를 시작하게 되면 과연 '사내는 하루에 몇 번이나 발기하는가?' 하는 근원적인 궁금증에 빠져들기 마련이다. 하지만 어디에서도 이 부분에 대해 명확한 설명을 들어본 일은 없다. 분명히 인체를 연구하는 전 세계의 수많은 박사들 중 적어도 한 사람 이상은 이 주제를 가지고 연구를 해보지 않았을까?

그리고 그 연구를 통해 어떠한 결과를 도출해 내지 않았을까 하는 확신에 가까운 의문이 든다.

이야기를 좀 만들어 보면, 1873년 독일 작센의 미하엘 슈스터 박사는 수년간 연구를 하고 통계를 내어 남자의 1일 발기 횟수에 대한 결과를 얻었다. 하지만 그 결과를 학계에 내놓을 수는 없었다. 의외로 여성이 성욕을 느끼는 횟수와 별 차이가 없어서 학문적 가치가 떨어진다고 생각했을 수도 있고, 그 반대로 그 횟수가 정말 수만 번에 달할 정도로 엄청나서 박사이기 이전에 한 남자, 한 인간으로 수치심이나 모멸감 따위를 느껴 도저히 세상에 공개할 수 없었던 것일 수도 있다. 나는 슈스터 박사의 처지를 십분 이해하면서도, 그가 겨우 그 정도의 용기도 없이 연구에 임해 왔다는 사실에 치를 떨며 분개하여 직접 이 연구를 감행하기로 마음을 먹었다. 그러나 나는 세상에 무슨 일이 벌어져도 하루 일곱 시간 정도는 자야 하기 때문에 24시간 발기량(일단 연구에 앞서 자연스레 전문 용어를 하나 만들게 됐다.)을 자가 체크한다는 것은 말이 안 된다. 그렇다고 보조 연구원을 고용해 "저어⋯ 지금부터 저를 도와 함께 연구를 하셔야 하는데요. 음⋯ 제가 자고 있는 동안 제 발기량을 좀⋯ 아⋯ 그러니까⋯ 제가 얼마나 많이 일어섰다⋯ 주저 앉았다⋯ 하는지를 체크해 주시면 됩니다."라고 말할 수도 없는 노릇이다.

이런 난관을 떠올리니 슈스터 박사가 결과를 세상에 내놓지 못했다는 것만으로 그를 잠시나마 힐난했던 내 자신이 부끄러워지고, 그의 연구가 얼마나 외롭고 힘겨운 싸움이었을지 자못 숙연해진다. 음… 다 적어놓고 보니 이 에세이는 정말 무라카미 하루키에게 큰 영향을 받은 하루키 키드의 글처럼 느껴진다. 소설을 얘기하는 것이 아니다. 그의 무수한 신변잡기적 수필을 말하는 것이다.

어쨌든 '남성의 일일 발기량' 연구에 관심이 있는 분들은 간략한 연구계획을 1~2 페이지 정도의 워드파일로 정리하여 제 이메일(caminero82@gmail.com)로 보내주십시오. 함께 머리를 맞대고 연구를 거듭한다면, 세상을 놀라게 할 만한 그런 결과를 이끌어낼 수도 있지 않을까요? 혹시 모르지요. 이 연구 결과에 어떤 막대한 경제적 가치가 발견되면, 전 세계의 수많은 발기인들이 저희 연구재단에 몸소 발기인이 되어줄 겁니다.

도시 그 자체가
박물관인 BsAs

내게 있어 브에노스 아이레스는 하나의 거대한 박물관 같은 도시이다. 이곳에서 태어나 오래 살고 있는 사람들은 그런 기분을 느낄지 느끼지 않을지 모르겠으나 나 같은 동양인 여행자에게는 그런 느낌이 드는 게 당연한 일인듯 싶다. 특히 홈스테이 집 근처의 거리를 산책하다 알게 된 카메라 박물관 커피숍 같은 곳이 브에노스 아이레스의 느낌을 딱 집약시켜 놓은 것 같은 장소였다. 그밖에 골동품 같은 것들을 파는 앤틱 샵(비싼 것만 있는 가게가 아니다.)도 자주 눈에 띄고, 특별하다고 말할 수는 없겠지만 성냥이나 특이한 초콜릿 같은 것들을 파는 가게들도 흥미롭다.

물론 아르헨티나에서 평생을 살다 서울에 오게 된 사람이 있다면, 그에게는 서울이 하나의 박물관 같은 도시일 것이다. 그러니 이런 감상은 당연히 주관적이고, 상대적인 것이지만 여행을 하는 동안 내 마음이 그랬다는데 누가 뭐라고 달리 얘기할 수가 있을까? 거리를 걷다 보게 되는 벽화나 그래피티 같은 것도 특별한 느낌으로 다가온다. 의미를 알 수 없는 낙서부터 땅고를 추는 커플의 모습이나 제 각각의 체 게바라 초상화 등도 거리라는 야외 갤러리에 그려진 명화일수 있고, 헌 책방이나 오래된 LP 등을 파는 중고 음반가게들도 개인이 운영하는 작은 잡동사니 박물관처럼 느껴진다.

그러나 무엇보다 지하철 A선 열차를 처음 탔을 때 그런 느낌을 많이 받았던 것 같다. 1913년에 처음 개통되었다고 하니, 올해로 100년의 역사를 갖게 되는 셈이다. 값비싸 보이지는 않더라도 뭔가 품격

이 느껴지는 나무 의자와 직접 문을 열고 닫으며 승, 하차해야 하는 불편한 탑승구도 정말 특별하게 느껴진다. 처음 이 지하철을 타보았을 땐, 정말이지 100년 전의 과거로 돌아간 듯한 느낌이 들었다. 나중에 개통된 타 노선 열차들에 비해 소음이 지나치게 심하고, 사진으로 찍었을 땐 의외로 멋스러움이 살아나지 않아 그저 낡은 열차처럼 보일 뿐이지만, 이 지하철이 가진 매력을 깎아먹지는 못한다.

그러나 이 모든 건 여행자의 입장에서 가치를 평가한 것이지, 매일 아침, 저녁 이 열차를 타고 출퇴근, 등하교를 해야 한다면 그 매력 따윈 삼일이면 사라질 듯하다. 귀가 찢어질 듯한 소음에 잠시 눈을 붙이는 것도 어려울 테니까. 아… A선을 타고 가면 한인타운이 있는 까라보보에 갈 수 있는데, 거리에 알콜, 마약에 중독된 사람들도 심심치 않게 보이고, 치안이 좋지 않은 편이라 방문을 추천하고 싶지는 않다. 굳이 한국 슈퍼마켓이나 음식점 등에 가고 싶다면 아베쟈네다 부근의 좀 더 작은 한인타운을 이용하는 편이 좋다.

아케미와의 케미스트리

누구나 다 아는 작가의 소설을 좋아한다는 건 내게도 당신에게도 어떤 매력이 되어주지는 못할 것이다. 언젠가 남들이 모를 거라고 생각했던, 내가 좋아하는 작가를 그녀 역시 좋아한다고 말해 줬을 때 나는 미치도록 그녀에게 입맞추고 싶어졌다. 사실 그 소설가가 어느 정도는 널리 알려진 사람이었음에도 굳이 그걸 인정하고 싶지 않았던 것은 뭔가 그녀와 나를 이어주는 매개체가, 즐거이 공유할 수 있을 만한 대상이 되어 줄 수 있을 것 같은 기대감 때문이었다.

Los Amigos Invisibles(이하 LAI)라는 베네수엘라 밴드를 알게 된 건, 과거 불독맨션으로 활동했던 뮤지션 이한철 때문이었다. 불독맨션 2집 앨범의 타이틀곡이었던 'El Disco Amor'가 바로 LAI의 'El Disco Anal'을 리메이크한 음악이라는 걸 한 라디오방송에서 들은 난 그들의 음악을 하나 둘 찾아 듣기 시작했고, 거의 모든 음원을 다 구해 들어 보았다. 와 닿지 않는 곡들도 더러 있었지만, 대개는 내 귀와 마음을 흥겹게 하기에 충분한 것들이었다. 음악을 잘 모르는 사람의 입장에서 수식하자면 '영국이 아닌 베네수엘라에서 결성된 자미로콰이가 전자음을 최대한 덜어낸 채, 어쿠스틱한 연주와 보컬로 들려주는 그루브 넘치는 흥키한 음악' 정도가 되겠다.

나는 많은 사람들에게 이들의 음악을 들려 주었지만, 넘치는 리액션을 보여주었던 건, 같은 작가를 좋아했던 그녀 한 사람밖에 없었다. 어쨌든 중요한 건 그게 아니라 내가 이들의 공연을 아르헨티나에서 직접 볼 수 있었다는 거다. LAI가 내 생일이 있던 주말에 브에노스 아이레스에 공연을 하러 온 것이다.

기대하지 않았던 사람으로부터 생일 선물을 받는 것처럼 놀랄 만한 일이었다. 알고 보니 올해가 밴드 결성 20주년이 되는 해라서 전미 투어를 진행 중이었는데 아르헨티나 역시 스케줄에 포함되어 있었던 거다. 엄청난 티켓 파워를 자랑하는 그룹이 아닌지라 작은 클럽에서 공연이 열리게 되었지만, 좀 더 가까워서 그들의 라이브를 즐길 수 있다는 사실에 흥분이 되었다.

공연을 함께 볼 만한 사람을 찾다가 아케미 생각이 났다. 아케미는 내가 스페인어를 공부하고 있는 벨그라노 대학에 교환학생으로 와 있었던 일본인 여대생이었는데, 학교 축제 때 알게 되어 가끔 연락을 하고 지냈다. 오사카에서 모델로도 활동하고 있던 그녀는 예술 전반에 큰 관심이 있었고, 대중음악에도 조예가 깊어 왠지 LAI의 공연도 함께 즐길 수 있을 것 같았다. 그래서 그녀에게 같이 공연을 보자고 얘기해봤는데, 그녀 역시 LAI의 존재를 알고 있었다. 존재를 알고 있는 정도가 아니라 휴대폰에 그들의 모든 앨범을 담아놓을 정도로 팬이었던 아케미는 오히려 내가 모르는 곡들까지 추천해 주며 어떤 경로로 LAI를 알게 되었는지 호기심을 드러냈다.

우리는 이런저런 얘기를 하며 공연에 대한 기대감을 키워 갔고, 공연 날이 오기만을 기다렸다. 아케미 몫까지 티켓 두 장을 구입했다. 가격은 한 장에 100페소, 당시 환율로 2만 7천 원 정도의 저렴한 가격이었다. 두 시간의 공연 동안 정말 미친 듯이 음악을 즐기며, 되지도 않는 춤을 췄다. 콘서트가 끝난 뒤엔 둘이 와인과 맥주를 번갈아 마시며 LAI가 만들어준 흥분을 가라앉혔다. 와인도 맥주도 훌륭했지만, 옆에 앉은 아케미의 늘씬한 다리는 그 둘보다 훨씬 더 훌륭했다. 그녀가 선택한 검은 망사 스타킹은 수만 가지 표정으로 내 눈길을 사로잡았고, 이내 내 손길을 불러들였다. 나는 그녀의 매끄러운 허벅지를 느끼면서 계속 맥주를 들이켰다. 다른 안주 같은 건 필요하지 않은 상황이었다.

그렇게 술을 다 마시고 난 뒤, 아케미가 티켓 값을 주겠다며 가격을 물었다.

"아, 한 장에 100뻬소인데, 99뻬소만 받을게. 나머지 1뻬소는 베소로 바꿔서 주면 고맙겠어."

"뭐라고? 음… 정말 다른 뜻은 없고, 그 말장난 센스가 귀여워서 그렇게 해줄게."

아케미는 내 볼에 살짝 입을 맞춰 주었다. 뻬소(peso)는 아르헨티나의 화폐 단위이고, 베소(beso)는 키스, 뽀뽀를 뜻하는 스페인어다. 멋진 하루였다. 좋아하는 밴드의 라이브를 관람하고, 매력적인 아케미로부터 뽀뽀까지 받았으니. 차가웠지만, 너무나 상쾌했던 밤바람을 느끼며 천천히 아주 천천히 집으로 걸어갔다.

Los Amigos Invisibles는 라틴 리듬을 바탕으로 훵크, 애시드 재즈, 디스코, 록 등의 음악을 들려주는 베네수엘라 밴드이다.

팀 이름은 '보이지 않는 친구들' 혹은 '투명인간 친구들' 정도로 해석할 수 있을 것이다. 'In Luv With U', 'Vivire Para Ti', 'Dulce', 'Medialuna' 등의 곡을 추천한다.

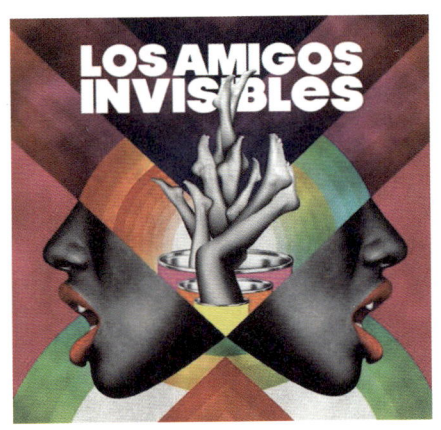

제1회 월드컵
주경기장에 서다

꼴로니아에서 만난 우루과이 친구들이 몬테비데오엔 재밌는 게 없다면서 정말 지루할 테니 애써 가지 않는 편이 좋을 거라고 얘기했지만, 나는 몬테비데오를 꼭 한 번 가고 싶었다. 별다른 이유가 있었던 건 아니고, 몬테비데오라는 이름이 좋았다. 뜻이야 어찌 됐든 그냥 어감이 좋았다. 갑자기 밀양의 뜻이 뭔지 아냐고 물었던 전도연에게 "뜻이요? 우리가 뜻 보고 삽니까?"라고 의아한 듯 되물었던 영화 '밀양'에서의 송강호 대사가 생각나네. 아… 몬테비데오란 이름의 기원은 그 유래가 불분명하고, '나는 산을 보았다' 정도의 뜻을 가진 것으로 본다고 하는데 뜻이야 뭐 아무래도 좋다.

어쨌든 내게는 그런 도시들이 몇 개 있다. 이름만으로 흥분이 되고, 언젠가 꼭 한 번 찾아가 보고 싶다는 생각이 들게 하는 곳들. 브에노스 아이레스가 그랬고, 홍콩, 싱가폴, 자그레브, 상트페테르부르크, 모가디슈, 토론토, 리버풀, 다마스커스 같은 곳이 그렇다. 반면에 뉴욕, 상 파울루, 오키나와, 시드니, 헬싱키, 바르샤바, 카이로, 파리, 마카오 등은 별로 당기지 않는 이름들이다. 물론 이는 지극히 개인적인 느낌이고, 이에는 어떠한 근거도, 이유도 없다. 그냥 그렇다는 거다. 아주 오래 전부터 몬테비데오라는 이름은 꽤나 특별하게 느껴졌다.

몬테비데오에 제1회 월드컵 결승전이 열린 경기장이 있다는 것도, 그리고 그 안에 축구박물관이 있다는 것도 하나의 방문 이유가 되어주었다. 어쨌든 오랜만에 브에노스 아이레스의 레띠로 버스 터미널에 와서 밤 10시에 출발하는 차를 탔다. 약 9시간이 걸릴 예정이니, 아침 7시 즈음에는 몬테비데오에 와 있을 거다. 얕은 잠을 자다 부산한 분위기에 잠시 깨었는데 벌써 국경에 닿아 우루과이의 출입국 관리소 직원들이 임의로 검문검색을 하고 있었다. 직감적으로 이곳 사람들이 내 짐을 풀어볼 거라는 생각이 들었다. 버스에는 열댓 명의 승객이 타고 있었는데, 모두가 남미 사람들(혹은 남미 사람으로 보이는 외모의 소유자들)이었고, 나만이 유일한 동양인 승객이었으므로 어느 정도는 이런 상황을 예상할 수 있었고, 또 당연하게 받아들일 수 있었다. 물론 생각하기에 따라서는 인종차별적인 대우였다고 말할 수도 있을 것이다. 나중에 미국 친구 데이에게 이 일을 얘기했더니 명백한 인종차별이라며 분개하기에 다음과 같은 얘기를 나누기도 했다.

"데이, 물론 기본적으로는 네 말이 맞아. 그건 일종의 인종차별이었어. 하지만 그 정도의 인종차별은 세상 어디에도 있고, 가장 중요한 건 내가 그다지 불쾌하지 않았다는 거야. 난 그들이 당연히 내 짐을 궁금해 할 거라는 생각을 하고 있었으니까. 반대로 생각해 봐. 네가 아시아를 여행하는데 중국에서 몽골을 향하는 버스를 탄 유일한 백인 승객이었다면, 중국—몽골 국경에서 일하는 사람들도 당연히 네 짐을 궁금해 했을 거야. 그런 건 어느 정도 당연한 거 아닐까?"

"하지만 그런 걸 당연하게 생각한다면 인종차별을 줄일 수는 없어. 인종차별을 완전히 없앨 수는 없다고 해도 노력에 따라 줄여나갈 수는 있다고 생각해."

"그런데 넌 하얀 얼굴의 미국사람으로 살아오면서 네 피부색이나 국적 때문에 불이익을 당한 적이 있다고 생각해? 단언컨대, 전혀… 정말 단 한 번도 없었을 거야."

"그건 맞지만, 그게 인종차별을 경멸하는 내 가치관에 영향을 미치지는 않아."

하지만 다시 생각해도 그 일 자체는 별로 대수롭지 않은 일이었다. 기분 나쁘게 받아들인다면 뭐 충분히 화가 날 만한 상황이긴 했지만, 그들이 내게 인종차별적인 언행을 한 것도 아니고, 국경에서 여행자의 짐을 자세히 검색하겠다는 것이 악의가 섞인 일이라고 볼 수는 없으니까. 어쨌든 그렇게 국경을 통과한 후 다시 잠이 들었고, 대여섯 번 눈을 붙였다 떼니 아르헨티나와 별 차이가 없는 듯한 거리의 모습들이 눈에 들어오기 시작했다. 규모는 훨씬 작았지만, 분위기는 크게 다르지 않았다. 내일 오후부터는 칠레에서 일하고 있는 친구 채우가 열흘쯤 함께 여행을 하게 되어 내가 먼저 호텔을 잡아놓아야 했다. 그냥 딱 가격만큼의 상태를 보여주는 저가 호텔을 하나 찾아 짐을 풀었다.

몬테비데오 시내 중심지를 돌아보고 나서도 시간이 많이 남아 제 1회 월드컵의 주경기장이었던 센떼나리오 스타디움에 가보기로 했다. 아무래도 80여 년 전에 만들어진 곳이라, 경기장 시설은 낙후될 대로 낙후되었다. 관중석에는 옛날 목욕탕 의자처럼 생긴 등받이도 없는 의자들이 쭉 늘어서 있고, 경기장의 전반적인 색감도 많이 우중층하다. 대개 2002년 월드컵을 기점으로 신축된 우리나라 축구장들은 아직 역사적인 가치를 운운할 정도는 되지 못하지만, 적어도 축구장으로서 기능적인 면에서 만큼은 세계 어디에도 뒤떨어질 게 없다는 생각을 하게 된다. 어쨌든 텅 빈 그라운드와 텅 빈 관중석은 어떻게 생각해도 별 매력이 없다. 아무리 축구를 좋아하는 나이지만, 감흥이 떨어지는 것은 어쩔 수 없다. 축구장과 축구 박물관을 둘러보고 난 후에는, 세계 축구사에 큰 족적을 남긴 명문 축구팀 나씨오날의 클럽 하우스에 몰래 들어가 선수들의 모습을 구경하며 시간을 보냈다. 그게 뭐 대단히 의미있거나 흥미로운 일은 아니었지만, 몬테비데오 시내에서 죽치고 앉아 있는 것보단 나았으니까.

다음날이 밝아 채우를 만나러 공항에 갔는데 엄청난 인파가 공항에 모여 있다. 그렇지 않아도 규모가 크지 않은 공항인데, 수백 명의 사람이 모여 있으니 답답한 느낌마저 든다. 대부분의 사람들이 노란색과 검정색이 교차된 스트라이프 저지를 입고 있었다. 알고 보니 이들은 몬테비데오 축구팀 뻬냐롤의 서포터들이었는데, 브라질에서 열린 코파 리베르타도레스 결승전을 마치고 귀국하는 선수들을 환영하기 위해 공항에 모인 것이었다. 많은 사람들이 내게 인사를 건네며 뻬냐롤의 응원가를 알려 주려 한다. 이 응원가를 배운다 해서 어디에 쓸 수 있을까 싶었지만, 일본 대표팀의 울트라 닛폰 송과 멜로디가 같았으므로 그냥 머릿속에 입력이 되어 버렸다. 뻬냐롤 서포터들과 이런저런 얘기를 하며 친구가 오기를 기다렸다. 그러다 잘생

157

긴 꼬마 삼형제를 만나 짧게나마 즐거운 시간을 보낼 수 있었다. 아이들은 내게 몇 가지 귀여운 질문들을 했다. "한국에선 축구를 뭐라고 불러요?" "한국어로는 축구공을 뭐라고 해요?" 등등. 질문 자체가 너무 귀엽고 사랑스러워서 하나하나 정성껏 답해 주었다.

한 삼십 분쯤 지나니 채우의 모습이 보인다. 거의 2년여 만에 만나는 것이지만, 크게 달라진 것은 없었다. 우리 둘 다 조금은 더 나이가 든 모습이기는 했어도. 얼굴을 보는 것만으로도 몇 해 전, 캐나다에서 같이 공부하고, 쿠바에서 함께 여행하며 즐거웠던 기억이 되살아났다. 우스웠던 일들, 불쾌했던 일들, 답답했던 일들 모두가 행복한 기억으로 재생되는 게 신기했다. 앞으로 펼쳐질 2주간의 여행도 모든 것이 즐거울 것 같았다. 우루과이의 몬테비데오, 브라질의 상 파울루와 히우 지 자네이루, 이 세 곳의 여행지가 우리를 기다리고 있었다. 다만 몬테비데오엔 즐길 만한 것들이 많지 않다는 게 조금 걱정이 되었다.

미녀천국 우루과이

몬테비데오 시내의 여러 광장에서 사진을 찍고, 명소로 꼽히는 건축물, 조형물 등을 감상했지만, 별다른 감흥이 생기지 않았다. 내가 지금까지 읽어봤던 모든 남미 여행 가이드북에서 몬테비데오를 다룬 분량이 겨우 대여섯 페이지에 불과했던 이유를 실감할 수 있었다. 게다가 물가도 저렴한 편이 아니었기에 맛있는 혹은 맛있어 보이는 음식들을 마음놓고 먹을 수도 없었다. 날씨도 꽤 추운 편이어서 채우와 나는 정말 어쩔 수 없이 별 볼일 없는 하루이틀을 보낼 수밖에 없었다.

나는 혼자서 제1회 월드컵 스타디움도 다녀왔고, 명문 축구단 나씨오날의 클럽하우스도 구경할 수 있었으니, 몬테비데오에 온 나름의 의미를 찾을 수 있었지만, 채우는 여행의 모든 목적이 뒤틀어진 듯

무료해 했다. 우린 밤이 되기만을 기다렸다가 젊음이 모인다는 구시가지의 수많은 펍과 바들을 방문하기로 했다. 그런데 우리 또래들의 모습은 찾아보기 어려웠고, 중년의 남녀들만이 가득해 딱히 대화 상대를 찾기 어려웠다. 그나마 분위기가 괜찮았던 한 바에서 맥주 한 병씩을 함께 마시고, 클럽을 찾아 길을 나섰다. 어떤 사전 정보도 없이 거리에 나왔으므로 어디에 어떤 클럽이 있는지 알 수 없었지만, 채우는 전문 클러버답게(본인은 그렇게 생각하지 않을 수도 있고, 이렇게 수식되는 것을 원치 않을 수도 있지만, 내가 보기엔 완연한 프로페셔널 클러버이다.) 멋진 클럽을 하나 찾아냈다. 전문가는 확실히 다르다는 것을 느끼는 순간이었다.

우리가 들어간 클럽은 몬테비데오 번화가에서 꽤 많이 벗어난 로도 공원 근처에 있는 W-Lounge였다. 공원 근처 강변에는 아이들이 좋아하는 테마파크가 있었는데, 어울리지 않게 입구에는 클럽이 하나 자리잡고 있었다. 토요일 저녁이어서 수많은 청춘남녀들이 입장을 기다리고 있었다. 우리는 클럽 직원이 외국인 관광객 대우를 제대로 해주어서 줄을 서지 않고 바로 입장할 수 있었다. 기다리고 있던 3~400명의 우루과이 사내들 표정이 가히 좋지는 않았다. 물론 우루과이 여자들은 신기한 듯이 쳐다보고, 간혹 소리를 질러대는 아이들도 있었다. 이러한 관심의 표현은 좋게 생각하면 좋은 것이고, 괜히 기분 나쁘게 생각하면 기분 나쁠 수도 있을 만한 것이지만, 우리는 최대한 이 상황을 즐기기로 했다.

열일곱, 열여덟 나이로 보이는 몇몇 소녀는 K-POP 얘기를 꺼내기도 하고, 샤이니, 빅뱅, 슈퍼주니어와 같은 그룹들의 이름을 부르며 지나간다. 아무 말도 없이 카메라를 들이미는 친구들도 있고, 괜히 옆에 와서 어깨동무를 하고 사진을 찍어가는 사람들도 많았다. 모든 상황을 기분 좋게 받아들였다. 채우도 상당히 기분이 좋은 듯 했다. 녀석은 춤을 출 줄 몰라 걱정하던 나에게 클럽에 춤추러 가는 사람은 거의 없다면서 그냥 음악에 맞춰 몸만 움직이면 된다고 했는데 그건 아마도 우리나라 클럽의 분위기인가 보다. 여기에 온 우루과이 남녀들은 다 춤을 잘 췄다. 정말 돋보이는 실력을 가진 사람들도 꽤 있었고, 평균적으로는 거의 모든 이들이 매우 훌륭한 댄서처럼 느껴졌다.

귀여운 우루과이 소녀 한 명이 같이 춤추자며 내게 손을 건넸다. 나는 그저 오늘 클럽에서 본 동작들을 떠올리며 실행에 옮겨 보려 했는데… 이게 아닌가 보다. 같이 온 친구를 쳐다보더니 씨익 웃는다. 음… 아무리 봐도 긍정적인 미소는 아니다. 한 번 더 기회를 준다. 또 제대로 반응하지 못했다. 다른 우루과이 남자친구를 불러 시범을 보이고는 다시 한 번 기회를 준다. 나는 직감적으로 '아… 이번이 마지막 기회구나.' 생각했다. 하지만 이제껏 서른을 사는 동안 진짜 사내는 춤 같은 건 추지 않는다는 생각을 가지고 살아온 내가 이 순간을 살려 낸다는 건 말이 되지 않는 얘기다. 결국 마지막 기회마저 놓쳐버렸고 그녀는 쓴 웃음을 지으며 떠나갔다. 역시 춤은 어렵구나.

우루과이 걸들과 멋지게 춤을 출 수는 없었지만, 이날 채우와 나는 정말 좋은 시간을 보냈다. 몬테비데오어서의 하루하루가 지루하기만 했는데, 단지 클럽 한 번 간 것 때문에 우루과이의 모든 것들이 아름다워 보일 정도였다. 정말 한 네댓 시간은 꽃밭에서 뒹굴다 온 기분이었다. 새벽이 되어 호텔로 돌아오며 채우는 얘기했다. "몬테비데오는 금요일에서 와서 그냥 금요일 밤, 토요일 밤 클럽에서 재밌게 놀고 일요일 낮쯤에 천천히 돌아가면 딱인 도시인 것 같다." 클러버가 아닌 나도 채우의 생각에 어느 정도 동의할 수 있었다. 나라면 뭐 축구 한 게임 정도는 보고 돌아가겠지만.

겨우 사나흘 머문 나라에 대해 이러쿵저러쿵 떠드는 건 그다지 내키지 않지만, 내가 경험한 우루과이를 몇 마디 말로 짧게 규정짓는다면, '미녀가 많은 나라'이다. 인구가 겨우 300만이 조금 넘는 나라인데 이렇게 미인이 많아도 될까 싶을 정도이다. 그리고 보면 '우'로 시작하는 이름을 가진 나라들엔 다 미녀가 많은 것 같다. 우루과이가 그렇고, 우크라이나, 우즈베키스탄이 그렇다. 아! 그리고 '우'리나라까지. 채우와 나는 이제 또 다른 미녀들을 만나러 브라질 상 파울루로 떠난다.

축구황제 폐위식

개인적으로 상 파울루를 찾은 가장 큰 이유는 축구 황제 호나우두의 은퇴 경기를 보기 위해서였다. 이 경기가 아니었더라도 상 파울루에 들르기는 했겠지만, 큰 기대감이나 설렘 같은 건 주머니에 넣어둔 채였을 거다. 다행스럽게도, 정말 우연치고 이런 우연이 있을까 싶을 정도로 그의 은퇴 경기가 열리는 날이 우리가 계획했던 여행일정과 맞아떨어졌으므로 우루과이 체류를 하루 줄이고 상 파울루에 오게 되었다.

세계 최강 브라질과 유럽의 강호 루마니아(루마니아를 강호라고 칭하는 것에 동의하지 않는 사람들도 분명히 있겠지만, 루마니아는 어느 팀을 만나도 자신들의 경기를 펼쳐낼 수 있는 수준 이상의 팀이라고 생각한다.)의 경기를 직접 볼 수 있다는 것은 물론 축구팬으로서 충분히 가치 있는 일이다. 하지만 그보다 더 큰 의미를 찾을 수 있는 건, 이날이 바로 호나우두의 마지막 경기라는 것이었다. 호나우두가 어떤 선수였는지는 굳이 설명할 필요가 없을 것이다. 나와 내 또래 축구팬들에게는 아마도 제일 먼저 축구의 매력에 눈을 뜨게 해준 선수가 아닐까 생각한다.

그는 15골로 월드컵 통산 최다득점 기록을 가지고 있고, PSV 아인트호벤, FC 바르셀로나, 인터 밀란, 레알 마드리드, AC 밀란 등의 유럽 최정상 클럽에서 세계 축구계를 떠들썩하게 만들었던, 명실상부한 넘버원 스트라이커였다. 호나우두는 이미 몇 달 전 그의 클럽 코린티안스에서 현역 은퇴를 선언했고, 이날 경기는 대표선수로서의 마지막 경기였다. 저하된 기량으로 인해 한동안 대표팀에 소집되지 못했지만, 은퇴 경기를 치러 주기 위해 브라질축구협회 차원에서 특별히 선발한 것이라고 보면 되겠다.

두 달 전에 아르헨티나에서 함께 축구를 봤던 브라질 친구 필립이 미리 티켓을 구해 줘서 어렵지 않게 경기를 볼 수 있었다. 입장권은 140헤알… 우리 돈으로 약 10만 원에 가까운 거금이었다. 10만 원짜리 티켓이 가장 값싼 입장권이었을 정도였으니까, 얼마나 많은 사람들이 이 경기에 관심을 갖고 있는지는 두 말할 것이 없었다. 이날 경기가 열린 빠까엠부 스타디움은 약 4만 5천 명 정도를 수용할 수 있는 경기장이었다. 하지만 약 7만 명을 수용할 수 있는 모룸비 스타디움에서 경기를 열고, 입장권 가격을 조금씩 떨어뜨리는 게 더 낫지 않았을까 생각이 들었다. 겨우(?) 4만여 명이 축구황제의 폐위식에 참관할 수 있다는 건, 축구팬들에게나 호나우두 자신에게나 뭔가 아쉬운 작별이 아닌가 생각이 들었다.

루마니아와의 A매치는 호나우두의 은퇴경기이기는 했지만, 코파 아메리카 대회를 앞둔 브라질 대표팀의 평가전이기도 했기 때문에 올스타전이나 자선 시합 같은 이벤트성의 경기로 임할 수는 없는 상황이었다. 그렇기 때문에 호나우두가 언제 출전하게 될지, 출전을 하게 된다면 과연 얼마나 플레이를 할지 주목이 될 수밖에 없었다. 선발 출전해서 겨우 몇 분만 잔디를 밟고 나가는 것은 팬들을 우롱하

는 처사가 될 수도 있는 것이고, 그가 풀타임을 뛴다는 건 현재의 몸 상태를 생각했을 때 그에게나 브라질 대표팀에게나 좋을 게 없는 상황이었다. 경기가 0 대 0으로 흘러가던 전반 30분, 드디어 호나우두가 그라운드에 들어섰다. 모두가 기립을 한다. 모두가 박수를 보낸다. 모두가 목청껏 그의 이름을 부른다. 호나우두~ 호나우두~ 호나우두~ 샛노란 유니폼이 그의 뚱뚱한 몸을 더 부각시켜 주어 안타까운 마음이 들지만, 그는 분명한 축구황제 호나우두였다.

호나우두가 경기장에서 들어서자 브라질 선수들의 움직임도 달라지기 시작했다. 더 좋은 경기를 하기 위해서라기 보다는 호나우두에게 골을 만들어 주기 위해서인 것처럼 보였다. 특히 호비뉴가 그러했다. 호비뉴는 무슨 일이 있어도 그에게 밥상을 차려줄 생각인 것 같았다. 기회를 만들기 위해 정말 열심히 뛰었다. 그의 그런 모습이 너무나 멋져 보였다. 항상 브라질 대표팀의 막내처럼 느껴졌던 호비뉴가 대선배의 마지막 길에 혼신의 노력을 기울이는 모습이 아름다웠다. 호나우두는 전반 종료 휘슬이 울릴 때까지 15분 정도를 뛰며 세 차례나 골 찬스를 잡았지만, 안타깝게도 득점을 기록하지는 못했다. 그저 단순한 슈팅 기회가 아니었고, 정말 득점을 할 수 있을 법한 쉬운 찬스들이었기 때문에 모두가 아쉬워했다. 아마 루마니아 선수들도 몇몇은 그의 득점을 바라지 않았을까 생각이 들 정도였다.

전반전이 끝나자 브라질, 루마니아 양 팀 선수들이 모두 대열을 갖

추어 황제의 마지막 길을 박수로 배웅했다. 호나우두는 그의 마지막 경기를 함께 해준 동료들, 상대 선수들, 심판진과 악수를 나눈 뒤, 마이크 앞에 섰다.

"오늘 세 번이나 골 찬스가 있었는데, 기회를 살리지 못해 너무나 아쉽습니다. 여러분이 웃을 때 제가 웃을 수 있었고, 여러분이 눈물 흘릴 때 저도 함께 눈물 흘릴 수 있었습니다. 저는 오늘 선수로서는 여러분 곁을 떠나지만, 다시 축구와 관련된 일로 여러분들을 만날 것입니다."

필립이 그의 인터뷰를 간단히 통역해 주었다. 잠시 관중석이 숙연해졌지만 이내 분위기는 살짝 바뀌어졌다. 간혹 눈물을 흘리는 사람들이 보이기는 했어도 웃고 떠들면서 그를 놀리는 사람들이 더 많았다. "뚱보, 이제 햄버거 마음껏 먹어." 정도의 멘트는 브라질 사람들에게 크게 문제될 것 없는 농담인 듯 했다.

나중에 상암 월드컵경기장에서 박지성이나 이영표 선수의 은퇴경기가 열려도 이런 분위기가 나올까? 괜히 감정에 복받쳐서 울먹이는 사람은 있을지도 모르겠지만, 그런 식으로 짓궂게 놀리는 사람은 없을 것 같다. 어쨌든 호나우두는 그렇게 왕관을 내려두고, 황제의 자리를 옆 나라 메시에게 넘겨주었다. 같은 이름을 가진 포르투갈의 호날두 역시 황제라고 칭할 수 있는 선수이지만, 아직까지는 둘 사이에 분명한 거리가 있다고 본다. 그러나 개인적으로는, 두 선수 모두에게서 어떤 황제의 기품 같은 것이 느껴지지는 않는다. 둘 사이의 거리가 분명한 만큼, 호나우두와 그 둘의 거리도 현격하다고 보기 때문이다.

어떤 이들이 호나우두의 실력이 커리어에 비해 지나치게 부풀려져 있다고 말하기도 한다. 훌륭한 선수임에는 틀림없지만, 선수 시절 내내 그를 괴롭혔던 부상 탓에 온전히 보내지 못한 시즌도 많았고, 서른에 접어든 후로는 과거처럼 압도적인 퍼포먼스를 보여주지 못해 전성기가 짧았던 선수로 평가받기도 한다. 그렇게 보는 시각도 이해하지 못하는 것은 아니다. 하지만 우리는 단순히 하나둘 쌓여진 숫자만으로 과거를 반추하지 않는다. 적어도 스포츠라는 세계에서만큼은 기억이 기록보다 더 큰 힘을 가질 수도 있다고 생각한다. 내게는 1998년 프랑스 월드컵에서 보여준 그의 괴물 같았던, 사람이 아닌 것 같았던 모습이 생생히 남아 있다.

경기가 모두 끝난 수요일 밤 12시, 호나우두는 노란 유니폼을 벗고 평범한 사람으로 돌아갔다. 눈물을 쏟을 만큼 그와 공유한 추억이 많지 않은 나는 그저 고맙다는 혼잣말로 간단한 작별을 했다. 누구도 듣지 못한 짧은 인사였지만, 나는 그가 보여줬던 작은 발놀림 하나하나까지도 정말 진심으로 고마웠다.

상 파울루 클럽에서의 키스

클럽을 좋아하지 않는다. 춤도 출 줄 모르고, 댄스 음악도 그렇게 좋아하는 편이 아니다. 성인이 된 이후로 클럽에 가본 게 겨우 두세 번 정도였고, 그마저도 좋아하는 아티스트의 공연이 있었기 때문이었다. 그런데 이날 난 친구 채우 때문에 하루에 네 번이나 클러빙을 하는 새로운 경험을 할 수 있었다. 앞서 얘기했듯 채우와 나는 몇 해 전 캐나다에서 처음 만나 친해졌고, 같이 쿠바를 여행한 적이 있다. 당시 많은 캐나다 친구들이 쿠바의 여성들은 너무나 뜨거워서 젊은 동양인 사내 둘이 여행하는 것을 그냥 두지 않을 거라며 콘돔을 두둑이 챙겨갈 것을 권유했다. 안타깝게도 우리에게 흥미를 나타낸 건 거의 다 게이들이었지만. 아, 어쨌든 지금 5년 전 쿠바 여행을 얘기하고 싶은 것은 아니고, 상 파울루에서 하룻밤 새 클럽을 네 번이나 가야만 했던 사정에 대해 얘기하고 싶은 거다.

보통 나는 어디를 여행하건 행군식으로 움직이는 편이다. 아침 7시에서 8시 사이에서 일어나, 샤워를 하고, 조식을 마친 후에 숙소를 나가 밤 10시가 될 때까지는 다시 숙소로 돌아오지 않는다. 무조건 많이 걸으면서 뭐 하나라도 더 보려고 하는 타입이다. 이런 스타일 때문에 같이 여행을 하게 된 사람들 중 피로감을 호소하는 사람도 많았다. 나와 몇 차례 여행을 함께한 옛 여자 친구도 이런 부분을 힘들어했다. 미안! 이제 와서 미안!

어쨌든 같이 브라질을 여행하게 된 채우는 계속된 나의 강행군과 맞바꿀 만한 제의를 하나 해 왔다. 엄청난 클러버로서 캐나다 클럽들을 접수하기도 했고, 거기서 한 여자를 두고 베트남 갱(까지는 아니겠지만, 갱이고 싶어 하는 젊은 무리들)들과 격투를 벌인 적이 있을 정도로 클럽 인생에서는 누구보다 독보적인 그는 상 파울루에서 밤새 클러빙을 하자고 했다.

나는 클럽을 미치도록 좋아하는 건 아니지만, 이 제의가 불편하진 않았고, 이 제의를 거절할 경우 우리의 여행에 끼칠 악영향을 생각해 채우의 뜻에 따르기로 했다. 며칠 전, 우루과이에서의 클러빙 경험으로 나 역시 뭔가 조금씩 맛이 들어가고 있었으니 굳이 반대할 이유가 없었다. 먼저 밤 10시쯤 보타 포구에 있는 한 클럽에 갔다. 이 클럽은 네 개 정도의 방(?)으로 나뉘어져 있었는데, 어떤 방은 일렉트로니카, 다른 방은 힙합, 또 다른 방은 브라질리안 팝 등이 흘러나왔다. 여기서는 그다지 재미를 보지 못했다. 너무 이른 시간에 가서 사람들도 많지 않았고, 음악도 그다지 즐겁지 않았고, 무엇보다 그 클럽의 어떤 여자들도 우리에게 호기심을 보이지 않았다. 호감까지는 바라지 않는다. 호기심 정도만 보여준다면 그걸 호감으로 바꾸는 건 우리에게 달린 일이니까.

다음은 빠울리스타 근처 골목에 있는 클럽으로 갔다. 여기는 한 집 건너 클럽, 한 집 건너 모텔일 정도로 클러빙과 그 이후의 활동에 최적화된 곳이었다. 한 20헤알 정도(약 13,000원)를 내고 입장해 놀기 시작했다. 흥에 겨워 춤을 추는 것도 그런대로 재미있는 일이지만, 남들이 춤을 추는 것을 보는 것도 꽤 재미있는 일이라는 것을 처음으로 느낄 수 있었다. 패션모델 같이 생긴 한 사내 녀석이 특히 눈에 들어왔다. 뭐랄까, 테크니션이라고 볼 수는 없었지만, 각각의 음악에 맞춰 다양한 춤을 매력적으로 풀어낼 수 있는 남자였다. 녀석은 한 두 시간 동안 약 대여섯 명의 파트너와 춤을 추었다. 마지막에 어떤 여자와 클럽 문을 나섰는지는 모르겠지만, 클럽 안의 모든 여자들이 그와 함께 춤을 추고 싶어 하는 것 같았다. 춤이 아닌 그 무엇이라도.

채우와 나에게는 머리를 삭발한 여자와 온 몸에 타투가 가득한 으스스한 여자들만 말을 건넸다. 그냥 같이 사진이나 찍고 말았다. 그녀들은 영어를 할 수 없었고, 우리는 굳이 영어를 하고 싶은 욕구가 없었으므로. 이때가 거의 새벽 한 시 반쯤 되었을 거다. 우리에겐 아직까지 어떤 소득도 없었다. 우리는 세 번째 클럽에 도전하기로 했다.

한 20m쯤 떨어진 곳에 또 다른 클럽이 있었다. 1층은 바, 지하1층은 스테이지, 2층은 소파가 놓여 있고, 당구대, TV 등이 있는, 휴게실 같은 느낌의 장소였다. 술을 좀 마셔서 피곤했기에 소파에 앉아 이런저런 생각을 하고 있었는데, 검은 스타킹(다른 옷차림은 기억이 나지 않는다. 검은 스타킹만 눈에 선하다.)을 신은 한 여성이 내 옆으로 걸어온다. 예뻤다. 괜찮았다. 눈부시게 아름다운 것은 아니었지만, 나와 하룻밤을 함께 해준다면 상당히 고마울 것 같은, 매력이 넘치는 여자였다.

그녀는 곧 비스듬히, 거의 눕듯이 소파에 기대어 앉아 맥주를 마시기 시작했다. 바로 내 옆에 붙어 앉은 것은 아니었지만, 한 1m 옆에 앉았다. 내 마음대로 해석을 했다. 겨우 내게서 1m 정도 옆에 떨어진 곳에 앉았다는 것은 나와 미치도록 얘기를 나누고 싶은 것까지는 아니더라도, 내가 말을 건다면 굳이 그걸 피하고 싶지는 않다는 게 아닐까? 지금 이름이 생각나진 않지만, 나는 그녀에게 말을 걸었고, 그녀도 어색하지 않게 내 말에 걸려들어 주었다. 이런저런 얘기를 하고 맥주를 다 마셨을 즈음 그녀가 밑에 내려가 함께 춤을 추자고 했다. 춤은 못 춰도 이런 제안을 거부하는 것은 옳지 않은 일이었다. 채우는 부러운 눈빛으로 쳐다본다.
"어, 일단 한 시간 정도 후에 다시 여기서 보자."
"응. 알았어. 잘 놀아. 혹시 나가서 놀게 되더라도 일단은 여기 올라와서 나 보고 가라."

춤을 추기 시작했다. 음악은 계속해서 바뀌었지만, 춤의 형태는 변하지 않고 있었다. 그저 서로에게 좀 더 다가가기만 했을 뿐. 그렇게 춤을 추다 너무나 자연스럽게 키스 타이밍이 찾아왔다. 얼굴의 거리가 너무나 가까웠고, 두 눈은 상대의 두 눈을 응시했다. 입술을 열어 키스를 했다. 그녀도 나의 키스를 받아즈었고, 우리는 뜨겁게 키스를 했다. 그런데 그 시간이 너무 짧았다. 뒤에서 어떤 이가 내 어깨를 툭툭 쳤다. 외모나 옷차림이 영화 '소년은 울지 않는다'의 힐러리 스윙크와 너무나 비슷해 보이는 깡마른 여자였다.

"헤이~ 지금 실수한 것 같아. 네가 지금 키스한 여자는 내 여자친구야."

"뭐? 뭐라고?"

"걔는 내 여자니까, 키스하지 말라고. 지금은 모르고 그런 것일 테니까 이해할 수 있어. 저 애가 매력적인 건 사실이니까. 하지만 지켜볼 테니 조심해. 지금 경고하는 거야."

당황스러웠다. 위축되지는 않았지만, 뭔가 문제를 일으키고 싶지는 않았기에 그녀를 보내주었다. 채우에게 올라가 사정을 얘기했다.

"뭐? 진짜야? 별 일이 다 있네. 이따 누군지 좀 보여줘."

"어… 근데, 우리 조심하는 게 좋을 것 같아. 진짜 화난 것처럼 보였거든."

채우와 다시 지하 1층 스테이지로 내려가 춤을 추며 다른 여자들을 살펴보았다. 아까 그녀보다 더 매력적인 외모의 블론디 걸이 눈에 들어와 한걸음 한걸음 다가가 그녀의 뒤에서 춤을 추기 시작했다. 어… 그런데… 아까 그 힐러리 스웽크가 또 다시 화난 얼굴로 내게 걸어온다.

'뭐지? 뭐가 또 잘못된 거지?'

"아… 이번에도 몰랐나 본데. 쟤도 내 여자 친구야. 그리고 저기 쟤 보여? 쟤도 내 거고, 여기 얘도 내 거야. 여기 이 클럽에만 내 여자가 여섯 명 있거든. 그러니까 조심 좀 해줬으면 좋겠어."

아이고, 아이고, 그녀는 상 파울루의 레즈비언 킹 아니 레즈비언 퀸이었나 보다. 저 예쁘고, 여성스런 여섯 명의 여자들이 선머슴 같은 한 명의 남장여자에게 귀속되어 있다는 걸 알게 된 순간 더 이상 이 클럽에 머무르고 싶은 마음이 없어졌다. 시간은 새벽 세 시가 넘었다. 한 번 더 'GO'를 할지, 이제 그만 'STOP' 해야 할지 정해야 할 시점이고, GO를 택한다고 해도, 이 시간에 입장이 가능한 클럽이 있을지가 의문이다. 앞으로 또 30m쯤을 걸어가니, 딱 봐도 게이 같은 한 웨이터가 호객 행위를 하고 있다. 뻥인 줄 알지만, 클럽 안에 예쁜 여자들이 차고 넘친다는 말에 우리는 한 번 더 'GO'를 하여 클럽에 들어갔다.

바에서 마흔은 되어 보이는 한 아주머니가 우리에게 위스키 한 잔씩을 건넸다. 그리고 우리는 또 비슷비슷한 얘기를 묻고 답할 뿐이었다. 여행객이냐, 어느 나라에서 왔냐, 한국은 중국어를 쓰냐, 일본어를 쓰냐 등등… 어? 그런데 우리에게 말을 붙이던 아주머니가 갑자기 사라졌다. 퇴근을 했나 생각했는데 어느새 스테이지에 올라와 봉을 잡고 춤추고 있었다. 음… 카운터에선 계산을 하고, 바에선 술을 따라주고, 무대에선 춤까지 추는 멀티 플레이어였던 것이다. 주위를 둘러봐도 손님은 우리밖에 없다. 주인 아줌마, 그보다 좀 어린 댄서 한 명, 그리고 그 댄서의 남자친구, 사기꾼 웨이터, 그리고 한국인 여행자 채우와 나, 이렇게 여섯 명이 전부다. 이런 저예산 단편영화의 한 장면 같은 상황에 쓴 웃음이 지어졌다. 어느 순간 술맛은 확 떨어졌고, 취기는 완전히 사라졌다.

초점은 댄서와 댄서의 남자친구로 옮겨졌다. 대화를 해보니, 사내는 평범한 회사원이었는데 여자친구가 밤에 일을 하는 댄서이기 때문에 마땅히 데이트할 시간이 나지 않아 클럽에 자주 온다고 했다. 늦은 시간에 와서 여자친구가 춤을 추는 것을 보며 잠깐잠깐 짬이 생길 때마다 여자친구와 술을 마시며 시간을 함께 보낸다고 했다. 상당히 독특한 캐릭터의 한 쌍이었다. 잘은 모르지만, 사랑이 뭔지 모르지만, 그 둘이 서로를 사랑하고 있다는 건 왠지 느낄 수 있었다. 남자친구가 보는 앞에서 더 열심히 춤을 추는 것 같은 여자, 낯선 이들 앞에서 벌거벗은 채 춤을 추고 있는 여자 친구를 사랑스러운 눈길로 바라보는 남자. 그들과 술을 마시며 얘기하다 보니 이미 다섯 시 반이 넘은 시간이었고, 길고 긴 클러빙도 드디어 끝이 났다.

우리는 숙소로 돌아가 늘어지게 잠을 잘까 그냥 새벽 버스를 타고 히우로 가버릴까 고민을 하다가 히우행 장거리 버스에 몸을 싣기로 했다. 아름다운 브라질리안 걸과 뜨거운 키스를 하기는 했지만, 성공보다 실패에 가까웠던 밤샘 클러빙을 마치고 우리는 상 파울루를 떠났다. 상 파울루의 서울 여자들보단 히우의 부산 여자들이 우리에게 더 잘 맞을 거라는 확인된 바 없는 자신감을 갖고서 8시간짜리 히우행 버스에 올랐다. 술과 음악, 춤과 욕망으로 뒤섞인 하룻밤을 보내고 나니 왠지 모르게 성당이나 교회를 찾고 싶어졌다. 죄의식 같은 건 없다. 그저 어떤 평온함 속의 짧은 위안이 필요했을 뿐.

히우에 가려거든
춤을 배워라

히우 지 자네이루에 도착했다. 사람들이 대개 '리오'라고 부르는 세계 3대 미항 중 한 곳, 그리고 브라질 제2의 도시인 바로 그곳이다. 나는 처음으로 뉴욕 땅을 밟았던 몇 년 전 '아, 나도 이제 촌놈은 아니구나.'라는 생각을 했는데, 이렇게 히우 땅을 밟게 되니, 과연 뉴욕 촌놈들 중 히우에 와 본 이들이 얼마나 될까 하는 생각이 들어 괜히 뿌듯했다. 히우를 상징하는 것은 여러 가지가 있겠지만, 아무래도 꼬르꼬바두 언덕 위에 있는 거대한 예수상일 것이다. 하지만 채우와 나는 예수님을 만나러 히우에 온 게 아니다. 나는 가능하면 이곳에서도 축구를 한 번이라도 보고 싶었고, 채우는 가능하다면 이곳에서도 클러빙을 한 번이라도 더 하고 싶어 했다. 우리는 싼 숙소를 찾다가 라빠 지구에 있는 저렴한 호텔을 하나 구할 수 있었는데, 결과적으로 이 선택이 아주 탁월했다. 라빠는 서울의 홍대와 비슷한 느낌을 주는 곳이었고, 주말마다 거리 축제가 열려 우리의 밤을 좀 더 밝혀줄 만한 곳이었기 때문이다.

히우에서는 5일을 머물게 되는데, 우리는 첫날 시티투어를 통해 히우의 명소를 돌아보고, 둘째 날부터는 오전은 코파카바나와 이파네마 해변에서 시간을 보내고, 오후에는 숙소에서 잠시 휴식을 취한다음, 저녁과 밤에는 히우의 각 지구들을 대표하는 클럽들을 순회하기로 마음먹었다. 채우와 함께 여행하면서 나는 점점 더 클럽 죽돌이가 되어 가고 있었다. 이렇게 얘기하면 괜히 친구 탓을 하는 것처럼 들릴지도 모르겠지만, 그런 건 아니다. 나도 분명히 매일 아침이면 뜨거운 밤이 찾아오기를 기다렸고, 그 기다림이 꽤나 설레고 즐거웠으니까.

첫날은 호텔의 에이전트를 통해 예약한 시티투어를 즐겼다. 미니버스를 타고 아침 여덟시부터 오후 다섯 시까지 히우의 랜드마크들을 돌아보는 건데, 빵 지 아수까르 산, 꼬르꼬바두 언덕의 예수상, 삼바축제가 열리는 삼바드롬 경기장, 코파카바나, 이파네마 해변, 2014년 브라질 월드컵의 메인 스타디움인 마라카낭 경기장 등을 둘러보는 일정이다. 뭔가 꽉 들어찬 느낌의 투어이지만, 커다란 흥분 같은 걸 주지는 못한다.

빵 지 아수까르 산은 뭐 케이블카를 타고 오르는 그냥 400m쯤 되는 보통 높이의 산일뿐이고, 코파카바나, 이파네마 해변은 부산의 해운

대, 광안리 해수욕장의 업그레이드 버전 같은 느낌이고, 삼바드롬이나 마라카낭 경기장은 그저 텅 빈 스타디움 주위를 배회하는 것뿐이니 큰 감흥을 느끼긴 어렵다. 정말 특별한 느낌을 주는 것은 결국 단하나, 꼬르꼬바두 언덕 위에 자리한 거대 예수상이다. 그런데 이 거대 예수상도 어릴 적 TV 다큐멘터리에서 보았던 것만큼 웅장한 느낌을 주지는 못한다. 여덟 살 즈음, 14인치 텔레비전에서 처음 접했던 예수상의 모습에 나는 적잖이 압도되었고, 뭔가 그 경이에 두려움까지 느꼈는데, 서른이 되어 두 눈으로 마주한 예수상은 그냥 그랬다. 38m라는 높이도 크지 않게 느껴졌고, 세계 7대 불가사의 중 하나라는 사실도 공감하기 어려웠다. 한 가지 조금 신비로운 느낌을 주었던 건, 막상 꼬르꼬바두 언덕 위에 올라 예수상 앞에 자리를 잡고 서 있어도, 그를 선명히 보기는 어렵다는 것이었다. 날씨가 좋든, 흐리든 이 언덕 위에는 항상 안개가 자욱해서 예수의 얼굴을 보기가, 제대로 된 사진 한 컷을 찍기가 쉽지 않았다. 어쩔 수 없이 거의 한 시간은 그 위에서 적절한 타이밍을 잡기 위해 대기할 수밖에 없었다. 내가 그를 보고 싶어 했던 것과는 달리 그는 나를 보고 싶어 하지 않았던 것 같다.

짧게 히우를 방문하게 되는 여행자라면 그냥 이 시티투어 프로그램만 이용하더라도 만족스러운 관광이 될 것이라 생각한다. 가격은 약 십만 원 정도이니 싸다고 할 수는 없지만, 그런대로 훌륭한 바비큐 레스토랑에서 점심도 먹을 수 있고, 다른 추가비용이 발생하지는 않

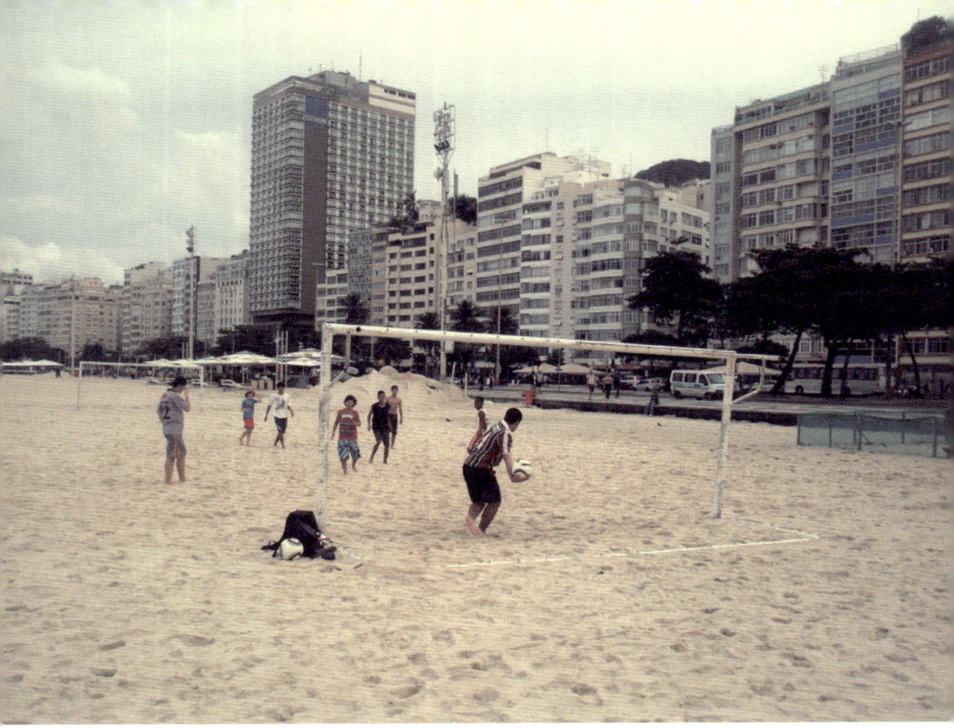

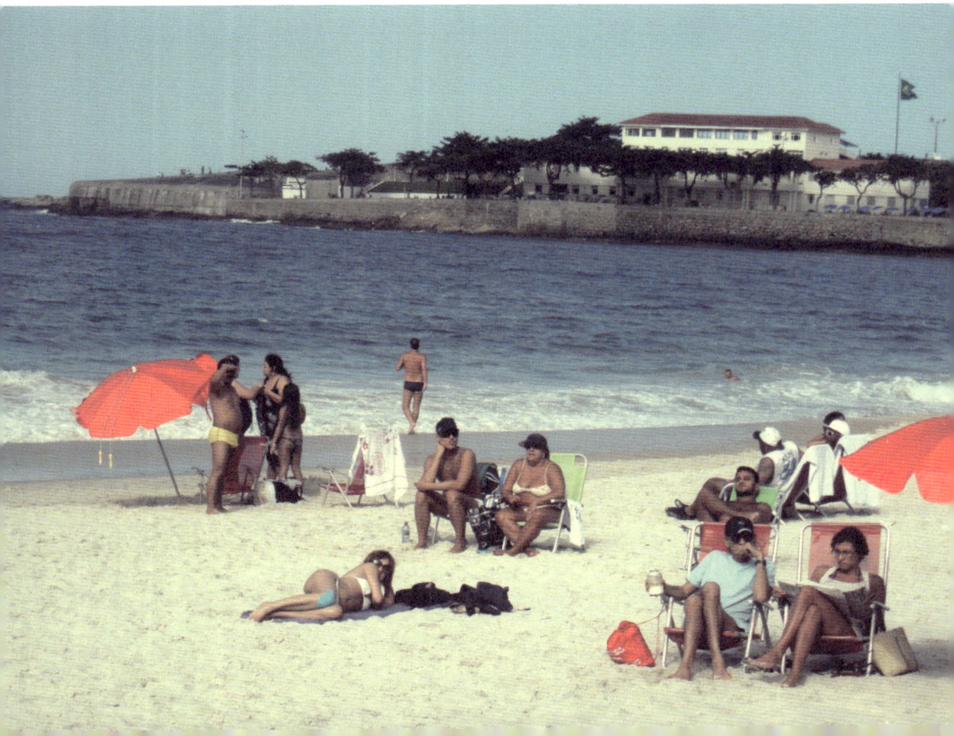

으니 효율적인 편이다. 하지만 채우와 나는 이 시티투어를 어떤 과제 혹은 우리의 자유로운 여행을 방해하는 성가신 대상으로 생각했던 것 같다. 마치 방학 첫날, 40일 분량의 일기를 미리 써 놓는 초등학생처럼 시티투어를 단숨에 해치워 버렸다. 우리에겐 히우라는 도시보다 히우에 사는 사람들(특히 우리와는 성별이 다른)과 함께 어우러져 놀고 싶은 마음이 더 컸기 때문이다.

이제는 마음놓고 히우 속으로 들어가 보기로 했다. 아침부터 코파카바나로 나가 뜨거운 태양을 느끼며 해변을 거닐었다. 비치발리볼을 하는 근육질의 사내들, 축구를 하던 꼬마 녀석들은 지나쳐 주고, 비키니를 입은 채 고운 자태를 뽐내던 여러 여인들을 온화한 눈길로 바라보았다. 우리의 따스한 시선을 느낀 그녀들은 여유로운 미소로 말을 건네주니 역시 이곳이 브라질이고, 역시 이곳이 히우지 자네이루고, 역시 이곳이 코파카바나구나 하는 생각이 든다. 특별한 이벤트 같은 것은 없었지만, 하루하루가 매 시간 시간이 즐거움으로 가득했다. 시원한 생맥주를 마시면서 해변의 여인들을 살펴보고 있는건, 미술관에서 어떤 저명한 작품을 감상하는 것보다 훨씬 더 가치 있는 일처럼 느껴졌다. 아무리 훌륭한 그림이라도 그 안에 생명이 있을 수 없지만, 저 아름다운 여인들은 넘치는 생명으로 살아 숨쉬고 있다는 게 우리에게 너무 쉽게 전해져 왔으니까. 오후의 태양은 그렇게 우리를 예열시켜 주었고, 저녁의 선선함과 함께 찾아온 브라질의 음악들은 채우와 나의 발걸음을 클럽으로 옮겨 주었다.

거리에 있던 젊은 친구들에게 물어 히우 최고의 클럽을 알아냈다. 밤 아홉시 즈음 간단히 요기를 하고, 클럽 앞을 배회하니 벌써 많은 사람들이 줄지어 있다. 이, 삼백 명은 족히 넘어 보인다. 채우와 나도 그 뒤에 줄을 서서 기다리고 있는 사람들과, 새로 대열에 합류하는 사람들의 모습을 살펴본다. 멋있고, 잘생기고, 예쁘고, 스타일 훌륭한 청춘들이 너무 많이 보인다. 제대로 온 것 같아 기분이 좋다가 혹시 우리가 이 레벨에 미치지 못한다는 이유로 입장을 거부당하지는 않을까 하는 걱정마저 든다.

거의 두 시간 가까이 기다리다 클럽에 들어서는데, 상 파울루 클럽

들과는 느낌이 좀 다르다. 음악도, 클러버들도 상태가 더 좋았다. 일단 채우와 찢어져서 주위를 살피는데, 녀석이 멀리서 손을 흔든다. 멀리서도 친구의 설렘 가득한 얼굴이 아주 잘 보였다. 채우 옆에는 갓 스물이 된 소녀 둘이 있었다. 우리 넷은 이런 저런 얘기를 하며 함께 춤을 추었다. 춤하고 거리가 먼 삶을 살아온 내게, 이날 그녀들과 함께 춘 춤은 호흡이 곤란할 정도로 끈적끈적했고 어지러웠다. 모든 게 다 잘될 것 같았다. 하지만… 소녀들은 우리의 반복된 춤에 싫증을 느끼고 있었다. 나는 물론이고, 채우도 역시 춤에 재능이 있는 친구는 아니어서 그녀들을 즐겁게 해줄 만한 여력이 없었던 거다. 먼저 우리에게 호기심을 보이고 다가왔던 건 그녀들이었지만,

결국 우리의 보잘것없는 춤 솜씨 때문에 멀어져가는 두 소녀의 뒷모습을 씁쓸히 바라볼 수밖에 없었다. 그 이후로는 뭔가 흥이 깨져버렸다. 음악도 짜증이 났고, 다른 사람들에게 말을 붙이는 것도 그다지 내키지 않아, 더 늦기 전에 호텔로 돌아왔다. 방에 들어와서는 둘다 아무 말도 하지 않고 침대에 누워 버렸다. 아마 잠들기 전까지는 둘 다 속으로 '춤 좀 배워둘 걸…'이라고 되뇌었을 거다.

뭔가를 이뤄낸 건 없었다만, 우리는 어제의 첫 클러빙에 한껏 고무되어 있었다. 이제 와서 춤을 배우는 건 아무래도 무리였고, 생각만해도 꼴사나운 짓이었다. 우리는 그저 우리가 가지고 있는 인간 본연의 매력만으로 브라질과 소통할 것이라 다짐했는지도 모른다. 오늘은 코파카바나가 아니라 이파네마 해변에서 오전을 보냈다. 이파네마는 조금 더 한적하고 규모가 작았지만, 그에 따라 우리의 소일거리(?)가 달라질 일은 없었다. 우리는 여전히 코코넛 주스를 마시며 해변을 걸었고, 출출해지면 칠리새우와 맥주를 섭취했다. 걷는 동안에도, 무엇을 먹는 동안에도 우리의 눈은 브라질리안 걸들을 소홀히 대하지 않았다. 언제 어디서나 'The Girl from Ipanema'를 찾을 준비가 되어 있었다.

그렇게 열심히 오전과 오후를 흘려 보내고, 다시 찾아온 밤을 만끽하기 위해 새로운 클럽들을 순회했다. 계속된 클럽 음악에 귀가 떨어질 듯 아파 왔지만, 마음만은 즐거웠다. 그러나 결과적으로는 어제와 다를 바 없는 하루였다. 우리에게 호기심을 가지고 다가왔던 여성들은 우리의 하찮은 춤 실력에 더 이상 상종할 생각을 못 하고 하나둘 떠나갔다. 채우와 나도 슬슬 지쳐 갔다. 지하철을 탈 힘도 남아 있지 않아 택시를 타고 우리의 평화로운 호텔로 돌아가는데… 어! 우리의 라빠가 전혀 평화롭지 않았다. 수많은 인파 속에 택시가 나아가지 못할 정도였다. 몇 백 명 아니 거의 천여 명은 되어 보이는 사람들이 좀비 떼처럼 라빠의 거리를 장악하고 있었다. 기사 아저씨에게 물어보니 라빠에서는 주말마다 거리 축제가 열린다고 했다. 잊고 있었던 거다. 매주 열린다는 그 축제를. 우리는 굳이 비싼 돈 들여 클럽에 갈 필요가 없다는 것을, 아직 호텔로 돌아가기에는 너무 이른 시간이라는 걸 부지불식간에 깨달았다. 라빠는 우리의 호텔이 있는 곳, 적어도 히우 안에서는 우리의 심리적 고향이었다.

택시에서 내리면서 많은 브라질 청춘들의 시선을 느꼈다. 원치 않는 게이 친구들의 시선마저 즐거이 받아주었다. 뭔가 합법과 위법의 경계를 오가는 것처럼 보이는 거리 축제였다. 여기저기서 퀴퀴한 마리화나 냄새가 났고, 뭔지 모를 흰 가루들을 들고 다니는 친구들도 꽤 많이 보였다. 남자 목소리를 내는 쭉쭉 빵빵 트랜스젠더 형님들도 여기저기서 하룻밤 파트너를 찾고 있었으며, 여자 한 명을 두고 주먹다짐을 벌이는 피 끓는 청춘들도 몇몇 보였다. 경찰들도 자신들이 해야 할 일을 하는 듯, 하지 않는 듯 순찰인지 방황인지를 지속하고 있었고, 채우와 나는 차가운 밤공기에 상쾌해 하며 이 모든 것들을 즐기고자 라빠 안으로 들어가고 싶었다.

라빠에서 먼저 소통을 시작한 건 채우였다. 상 파울루 클럽에서 낯선 여인과 입을 맞춘 나를 아직까지도 부러워하고 있었던 채우는 내

가 잠시 캔 맥주를 사러간 사이에 새로운 만남을 시작하고 있었다. 채우에게 맥주를 건네려, 괜히 역사의 흐름을 바꾸고 싶지는 않아서 먼발치에서 선 채로 홀로 맥주 두 캔을 제거했다. 이따이빠바 (Itaipava)라는 이름의 맥주는 정말 내 입에 딱 맞았고, 채우를 조금 이따 봐야 한다는 것을 상기시켜 줬다. 녀석은 날 의식하지 않고, 아니 나의 존재 자체를 잊은 듯이 키스의 강도를 더해가고 있었다. 녀석은 행복해 보였다. 행복한 친구의 모습을 보니 나도 행복했다…고 말할 수 있었으면 좋았겠지만, 슬슬 짜증이 나기 시작했다. 거의 한 시간이나 지났던 거다. 아예 나한테 말하고 호텔로 갔으면 아무렇지도 않았을 텐데, 이게 뭔가 싶었다. 게다가 내 속도 모르는 짜증 나는 게이 녀석이 계속 주위를 맴돌며 윙크를 해대기에 정말 두 눈을 확 찔러주고 싶을 정도로 약이 올랐다.

삼십 분쯤 더 기다리니 채우가 나타났다. 녀석이 뭔가 할 말이 많다는 듯한 표정으로 입을 열려는 순간 내가 선수를 쳤다.
"어. 알고 있어. 대충 다 봤으니까 굳이 말 안 해도 돼."
"아… 나 완전 미치는 줄 알았어. 브라질 여자애 완전 뜨거워."
"어. 알겠어. 뭐 좀 그런 것 같아 보이더라."
"뭐랄까, 키스를 하는데, 음… 키스가 그냥 키스가 아니라…"
"어. 알았어. 늦었는데 빨리 들어가자."
라빠의 밤에서 우리는 작은 불씨들이 붙어 오르기 시작하는 것을 느꼈고, 뭔가 해낼 수 있을 것 같다는 자신감도 커져 갔다. 그렇게 다음날도, 그 다음날도 행복한 마음으로 아침을 맞이할 수 있었으나, 막상 그 후에는 어떤 해프닝도 일어나지 않았다.

우리에게 관심을 보이는 사람들도 없었을 뿐더러 새로운 소통에 대한 의욕을 불러일으키는 사람들도 눈에 들어오지 않았다. 그리 긴 시간은 아니었지만, 우루과이 몬테비데오, 브라질 상 파울루, 히우지 자네이루를 관통해온 열흘 남짓한 시간 동안 여러모로 지쳐 있었나 보다. 게다가 히우의 물가는 남미에선 손에 꼽힐 정도로 높은 편이었으므로 뭔가 새로운 즐길 거리를 찾아나서는 것도 주저하게 됐다. 그냥 아침부터 공원이나 광장 같은 곳을 산책하며 낯선 풍경들을 카메라에 쓸어 담았고, 길거리 음식들로 허기를 채우며 시간을 보냈다. 처음 2~3일간 느꼈던 히우는 세상의 즐거움이란 즐거움이 모두 다 모여 있는 곳 같았지만, 시간이 지날수록 몸과 마음을 피곤하게 하고, 뭘 하려 해도 먼저 주머니 사정을 걱정하게 만드는 그런 곳으로 변해 버렸다. 오랜 직장생활 끝에 정말 **빡빡하게** 2주 휴가를 얻은 채우에게도, 몇 달째 아르헨티나에서 한가로운 생활을 하고 있다 제대로 계획을 세우고 기다렸던 나에게도, 점점 이 여행이 주는 재미가 사라지고 있었다.

생각했던 것보다 너무 일찍 흥미를 잃게 된 것이 의아스러울 정도였다. 우리는 둘 다 어느 정도 스페인어를 쓸 수 있었지만, 포르투갈어는 거의 할 줄 몰랐기 때문에 브라질 여행에서 얻을 수 있는 많은 재미들을 놓치게 된 것이 아니었나 생각이 들었다. 포르투갈어와 스페인어는 비슷하거나 아예 같은 단어가 상당히 많고, 어떤 시스템적으로는 한 언어라고 해도 과언이 아닐 정도로 유사하지만, 따로 공부를 하지 않는다면 이해하기에 큰 어려움이 있다. 둘 중 한 언어를 완벽하게 구사할 수 있는 사람이라면, 다른 한 언어도 쉽게 사용할 수 있다. 예를 들어, 스페인 사람이 모국어인 스페인어 외에 포르투갈어와 이탈리아어도 일정 수준 이상으로 구사할 수 있다는 것은 특별하게 내세울 만한 언어적 재능이 아닌 셈이다. 하지만 그 언어들을 외국어로 받아들이는 입장에서는 정말 차이가 확연하게 느껴지는 완전히 다른 언어라는 것이다.

이제 정말 둘 다 집으로 돌아갈 때가 된 것 같았다. 채우는 일터가 있는 칠레로, 나는 아르헨티나로 다시 돌아가야 한다. 먼저 우루과이 몬테비데오행 비행기를 탔고, 그곳에서 다시 한 번 비행기를 타야 하는 채우를 배웅했다. 나는 바릴로체에서 만났던 아드리안 할아버지, 릴리안 할머니에게 연락을 하여 몬테비데오에서 저녁을 함께 먹었다. 그리고 그날 밤 자정쯤 9시간 걸리는 버스를 타고 다시 국경을 넘어 브에노스 아이레스 땅을 밟았다. 이번엔 내 짐에 궁금증을 갖는 출입국 관리 직원이 없었다.

여행 불감증에 빠지다

여행이라는 것도 그 기간이 길어지면 자연스럽게 많은 것들에 흥미를 잃어가고, 하나둘 싫증이 나기 마련이다. 인간이 하는 모든 게 그렇지 않나 싶다. 꽤나 넉넉하게 느껴졌던 계좌 잔액도, 우루과이, 브라질을 다녀온 후에는 그렇게 미덥지가 않은 상황이 되어 버렸고, 사실 그보다는 여기저기 돌아보고 싶은 마음 자체가 점점 사라지고 있다는 게 더 큰 문제가 되고 있다. 요즘 며칠 동안은 정말 하루에 한 번 정도만 나갔다 들어오는 것 같다. 그것도 두어 시간 정도 겨우 산책하러 나갈 뿐이다. 이마저도 일부러 하지 않으면 인터넷으로 내려 받은 한국 TV프로그램, 영화, 미국 드라마, 일본 포르노 같은 영상으로 하루를 보내기 십상일 것만 같다. 한국에서 멀쩡하게 직장생활하고 있는 친구들에게 이 여행 무기력증에 대해 얘기해 봐야 배부른 소리 한다는 똑같은 대답만 돌아온다. 배부른 소리 하려는 생각은 아니었는데, 처해진 상황이 다르니 그렇게 들리는 게 어쩌면 당연한 일이다.

사실 적절한 여행 기간이라는 게 어디 있을까 싶지만, 생각해 보건대 2주에서 한 달 정도면 꽤 좋은 시간이 될 수 있을 것 같다. 사실 직장생활을 하면서 한꺼번에 2주 이상 시간을 내기란 쉽지 않은 일이다. 겨우 '쉽지 않은 일이다' 정도의 말로 표현하고 있지만 그보다는 훨씬 더 쉽지 않은 일이다. 계속된 무기력증에서 벗어나고 싶어서 오늘은 일부러 카메라를 들고 조금 많이 거리를 거닐었다. 특별히 살 것도 없었지만 백화점 구경도 했고, 지하철 안의 사람들을 유심히 관찰해 보기도 했다. 물론 난 게이가 아니니까 내가 관찰한 대상의 90% 이상은 여자였다.

이제 남미에서 보낼 시간이 4주 정도 남았다. 그렇게 생각하면 그 4주를 정말 더 뜻 깊게, 가치 있게 쓸 수 있도록 부지런히 움직여야 할 것 같지만, 이미 마음이 게을러져 있는데 몸이 바삐 움직일 리 없다. 귀국일이 한 달 가까이 남았지만, 집으로 돌아갈 짐을 마음속으로, 머릿속으로 조금씩 싸고 있는 중이다. 그러고 보면 장기 여행과 군대 생활은 공통점이 꽤 많이 있는 것 같다. 말년 병장 생활을 생각해 보면 특히 더 이해가 가지 않을까? 다들 이등병 때는 그런 생각을 한다. '난 병장 되어도 아침 일찍 일어나고, 구보도, 훈련도, 내무생활도 흐트러짐 없이 해야지.' 하지만 실상은 작대기 네 개 다는 그 순간부터 집에 돌아갈 준비를 하지 않는가? 지금 나도 그런 마음이다. 이 여행 불감증을 없애기 위해서라도… 말 그대로 수작에 불과하지만 오늘 백화점 옷가게의 예쁜 점원에게 편지나 한 통 써볼까 생각 중이다. 사실 뭐 결국 스페인어 작문도 이럴 때를 위해서 배웠던 거니까.

얼마 전 윈도우 쇼핑을 하다 한 백화점의 여성복 매장에서 아리따운 여자를 한 명 보았기에 오늘도 그곳을 다시 찾아갔다. 이때부턴 정말 모든 게 연기에 불과한 거다. 여자는 내게 묻는다. "안녕하세요. 뭘 찾으세요?"

"저어… 제 스페인어 선생님께 선물하려고 옷을 좀 보고 있는데, 무엇을 사야 할지 고르기가 어렵네요."

이런 대화를 늘어놓다가 뭔가 대화의 분위기가 점점 부드러워지고 있다는 느낌이 들어 무작정 한마디 던진다.

"그런데 보통 몇 시쯤 끝나세요? 괜찮으시면 커피 한잔 같이 하고 싶은데, 일 정리할 시간에 제가 이곳으로 와도 될까요?" 이 여자, 당황하는 듯했지만 기분이 나쁜 것 같지는 않다. 낯선 동양인 사내에게도 본인의 미모가 어필되었다는 기쁨 탓인지 저녁 8시에 매장 앞으로 와 주면 고마울 것 같다고 답해 준다.

역시 시도를 하면 될 수도 있고 안 될 수도 있는 일이지만, 시도를 하지 않으면 아무 일도 일어날 수 없다는 불변의 진리를 다시 확인하는 순간이다. 상대가 눈부신 외모를 가졌든, 키가 나보다 좀 더 크든, 값비싼 옷으로 치장하고 있든 그런 건 중요한 게 아니다. 일단 마음을 움직이게 하는 사람을 만난다면 말은 걸어 볼 수 있어야 하고, 이런 기준에서는 한국 여성보다 외국인 여성들이 훨씬 더 여유가 있는 편이라는 게 마음 편하다. 가볍게 인사를 건네 오는 낯선 남자들을 이상한 사람으로 규정하지 않을 뿐더러 혹시 거절을 하더라도 좀 더 매너 있게 미소를 띠며 말을 해주니 크게 당혹스러울 일도 없다.

약속시간이 되어 만난 우리는 그녀가 잘 알고 있는 까페에 갔다. 그

리 특별할 것 없어 보이지만, 프랜차이즈 커피숍이 아니라는 이유만
으로도 특별해 보이는 그런 평범한 곳이었다. 그녀의 이름은 로사나
였고, 오전부터 저녁까지는 백화점에서 일을 하고 밤에는 야간 대학
에서 미술을 전공하는 학생이었다. 어떤 그림을 그리는지 물었더니,
테이블 위에 놓여 있던 티슈 한 장을 꺼내 그림을 그려준다. 동양에
서 온 새로운 친구를 알게 된 기쁨을 그려본 것이라고 하는데, 도저
히 이해가 되지 않는 그림이다. 언제 꼭 자신만의 전시회를 열고 싶
다면서 멀지 않은 훗날에 소식을 전해주겠다고 했다.

뭐 단지 로사나의 미모 때문에 호기심이 생겼던 것이었지만, 마주 앉아 대화를 나누어보니 호기심 이상의 감정이 공유되지는 않았다. 왜인지는 알 수 없지만, 매력적인 외모 때문에 대화를 나누고 싶다는 생각이 들게 하는 사람들은 꼭 대화를 할수록 외모가 가진 매력마저 엷어지게 하는 오묘한 결과를 낳게 하는 것 같다. 물론 이건 전적으로 로사나의 탓만은 아니고, 뭔가 내 쪽에서도 그녀에게 어떤 흥 같은 것을 덧대어 주지 못했기 때문이리라. 우리의 짧은 대화 속에서는 서로를 즐겁게 해줄 만한 공통점이 얼마 발견되지도 않았고, 애초에 곧 아르헨티나를 떠나 한국으로 돌아가야 하는 내 형편에 뭔가 새로운 인간관계를, 그것도 남녀관계를 형성하는 것은 무리가 있었던 듯하다. 그저 예쁜 아르헨티나 여인에게 말을 걸 수 있을 정도의 심장과 스페인어 실력은 가지고 있다는 것을 확인할 수 있었던 해프닝에 불과했을 뿐.

04

라틴, 공기부터 뜨거운

뜨겁고 위험한
라 봄보네라

라 봄보네라(La Bombonera)라는 별칭으로 더 유명한 축구장이 있다. '초콜릿 상자'라는 별명을 가진 이 스타디움의 공식 명칭은 알베르토 J. 아르만도 스타디움으로 그 유명한 보까 주니오르스의 홈구장이다. 아무리 봐도 나는 왜 이 경기장이 초콜릿 상자처럼 생겼다는 것인지 선뜻 받아들여지지 않지만, 뭔가 보통의 축구장들과는 다른 독특한 외양이 멋지다는 생각은 하고 있었다. 치안이 좋지 않아 위험하다는 라 보까 지구에서도 깊숙하고 외진 곳에 위치한 이곳은 혼자 찾아가기가 어려운 곳이다. 몇몇 아르헨티나 친구들에게 함께 경기장에 가자고 얘기해 봤으나, 비싼 입장권 가격이 부담이 되고, 굳이 위험을 무릅쓰면서까지 현장에서 축구를 관전하고 싶지는 않다는 친구들의 말에 이번에도 어쩔 수 없이 축구 투어 프로그램을 이용하기로 했다.

남미까지 혼자 날아간 여행자 입장에서 겨우 축구장 따위를 방문하는 것에 남의 도움이 필요할까 생각하겠지만, 난 이미 몇 주 전에 벨레스 사르스필드 경기장에서 관중 한 명이 죽고, 수십 명이 크게 다쳤다는 신문기사를 읽어 버렸고, 보통 일반적인 브에노스 아이레스 사람이라면 보까를 혼자 찾지 않는다는 애기를 너무나도 많이 들어 버렸다. 때로는 어떤 불길한 예감 같은 것을 아무렇지 않게 무시하고 여행을 진행해야 할 때도 있지만, 대개 그런 부담감이 드는 순간에는 굳이 무리수를 던질 필요가 없다고 본다. 아직도 인생을 살며 여행할 곳이 많이 남아 있기 때문이다. 티켓풋볼의 에르난을 만나 경기장에 가는데 보스턴에서 왔다는 디국인 커플이 합류한다. 둘은 축구에 큰 관심이 없다고 했지만, 프로스포츠의 나라 미국, 게다가 보스턴에서 온 젊은이들답게 라 봄보네라를 그냥 지나칠 수 없었던 것 같았다.

무려 세 번의 보안 검색을 거쳐 경기장에 입장할 수 있었다. 그저 축구장에 들어가려는 것뿐인데, 웬만한 공항의 출입국 보안 검색을 능가하는 수준이다. 이곳이 얼마나 위험하면서 안전한 곳인지 알게 해 주는 수십 명의 경찰들이 우릴 맞아 준다. 경기장은 뭐 생각했던 대로 아니 그 이상으로 낡았다. 내 좌석이 있는 4층까지 올라가는 동안 여기저기에서 지린내가 진동한다. 대략 봐도 관중석의 90% 이상이 사내들이다. 수컷 냄새, 담배 냄새, 알 수 없는 오물 냄새… 아무래도 남미에서는 축구장을 데이트 장소로 정했다가는 연인 관계를 지속

하기가 어려울 것 같다. 하지만 나는 이 제멋대로 생긴 경기장과, 그 안에서 엄청난 에너지를 뿜어대는 보카의 서포터들에게 매료되었다. 수만 명의 입에서 터져 나오는 알아들을 수 있는 욕설과 알아들을 수 없는 욕설들이 뒤섞여 욕지거리의 향연이 펼쳐지고, 잔디밭에서는 스물두 명의 사내들이 미친 듯이 공놀이에 열중하고 있다.

이날 경기는 브에노스 아이레스의 보카 주니오르스와 로사리오의 뉴웰스 올드보이스의 대결이었다. 두 팀 다 아르헨티나를 대표하는 명문구단이었지만, 게임 자체는 기대에 미치지 못했다.
내가 지켜본 단 한 경기로 두 팀의 수준을 평가할 수는 없겠지만, K리그 클래식의 상위권 팀들보다 훨씬 더 높은 레벨에 있다고 보기는 어려울 것 같았다. 그래도 막상 클럽 월드컵 같은 대회에서 붙어보면 확실히 힘의 차이가 느껴지기도 하니까, 뭐 축구에서 간접 비교라는 건 아무짝에도 소용이 없는 게 아닌가 싶다. 경기보다는 공의 움직임을 90분 내내 응시하면서 갖가지 욕으로 상대 선수들과 상대 팀 팬들을 도발하는 보카의 팬들이 훨씬 더 뇌리에 남았다. 이래서 남미 축구, 남미 축구 하는가 보다. 유럽 축구가 고급 룸살롱에서 펼쳐지는 휘황찬란한 엔터테인먼트라면, 남미 축구는 낡은 전철역 부근에 늘어선 단란주점에서 벌어지는 어두침침한 유흥에 비할 수 있지 않을까?

경기는 베테랑 마르띤 빨레르모가 터뜨린 선제골을 그대로 지킨 보까의 1대 0 승리로 끝이 났지만, 결과는 중요하지 않았다.

오로지 라 봄보네라의 정상을 밟아 보았다는 사실만이 중요했다. 나는 비록 맨체스터의 올드 트라포드나 바르셀로나의 깜프 누에 가보진 못했지만, 라 봄보네라의 그 뜨거운 현장에 있었다.

글쎄 두 시간동안 지린내를 맡으면서 몇 만 명의 사내들과 함께 숨 쉬어야 한다는 사실을 역겨워 하는 사람도 분명히 있겠지만, 내게는 축구의 신세계를 접한 듯 설렘과 흥분으로 가득한 순간순간이었다. 그곳에서 펼쳐진 광경들은 누가 봐도 아름답다는 찬사를 보낼 만한 성질의 것은 아니었지만, 우리를 매료시키는 것이 겨우 아름다움 하

나만이라면 인생이 얼마나 재미없고, 무미건조할까? 대다수 여성들은 내 가슴에 난 털을 좋아하기 어렵겠지만, 그걸 섹시하다고 말해줬던 여자들도 몇 명 있었던 것처럼 우리 모두에겐 기호와 취향이라는 것이 있지 않은가? 그러니 라 봄보네라에 반했던 내 기억은 누구와도 타협할 생각이 없다.

CAFE BRARG

내 오랜 친구 남철이와 나는 함께 까페를 여는 꿈을 키워왔다. 아직도 현실과는 가까워질 생각을 하고 있지 않은 꿈이지만, 기대감을 키워가는 것에 돈이 드는 것은 아니니 이런저런 이름을 생각해두는 것만으로도 충분히 행복한 기운이 스멀스멀 피어올랐다. 먼저 남철이가 '아마 늦은 여름이었을 거야.'라는 이름을 꺼내었다. '탁월하다'는 느낌까지는 아니었지만, 충분히 적절하고, 충분히 훌륭하다고 생각했다. 물론 우리는 이 이름이 바로 그 산울림의 노래에서 나온 것임을 잘 알고 있지만, 그렇지 않은 사람들에게도 충분히 매력적인 이름이 될 수 있을 것처럼 느껴졌다. 흔히 얘기하는, 뭔가 여운이 있는 이름이 될 수 있다고 생각했다.

남철이의 말을 듣고 나도 몇 가지 이름들을 생각해 보기로 했다. 기본적으로는, 나 역시 어느 정도 길이가 있는 이름을 원했다. 그래서 오래 전부터 김성호의 노래 제목이기도 한 '당신은 천사와 커피를 마셔본 적이 있습니까?'를 첫 이름으로 생각해 왔다. 물론 이 이름이 유치하다거나, 다소 느끼하다고(요즘 말로 손발이 오그라드는 이름이라고) 생각하는 사람도 분명히 있을 수 있겠지만, 그렇게 생각하는 사람이라면 아예 처음부터 우리 까페에 어울리지 않는 사람일 테니 그냥 무시해 버리면 된다고 생각했다. 그런 사람들에게까지 미소로 인사를 건네며 커피를 팔고 싶은 생각은 없다.

바로 이 부분에서부터 남철이는 일차적으로 '아, 역시 이 자식과 동업을 한다는 건, 애초에 틀려먹은 게 아니었을까?'라고 생각을 할지도 모르겠지만.

아, 그리고 우리 까페는 두 가지의 이름을 취하기로 했다.

그러니까 예를 들어 AM 10:00부터 PM 5:59까지는 '아마 늦은 여름이었을 거야.'가 되는 것이고, PM 6:00부터 AM 1:59 정도까지는 '당신은 천사와 커피를 마셔본 적이 있습니까?'가 되는 거다. 이건 남철이가 크게 공감해 주지 않아 살짝 서운하였지만, 내 생각에는 상당히 훌륭하고 귀여운 아이디어이다. 나는 천재는 아니지만 벌여 놓은 작은 것에(그것이 정말 순전히 나 홀로 벌여 놓은 것이라면) 적잖이 만족스러워 하는 경향이 있는 것 같다. 생각해 보니 밤 시간에 '아마 늦은 여름이었을 거야.'를 쓰는 게 좋겠다. 이 이름은 퇴근 후, 집에 들어가기 꺼려지는 중년 남성들에게 위스키나 칵테일 따위를 건네기에 매우 적합하다. '당신은 천사와 커피를 마셔본 적이 있습니까?'는 아무래도 여고생이나 여대생 혹은 미씨나 싱글맘들을 위한 이름일 수밖에.

이정재의 노래 제목을 빌려 '길이 끝난 곳에서 길은 다시 시작되고 있잖아', 프로스트의 시 제목을 빌려 'The coffee not taken' 같은 이름을 쓰는 것도 생각해보았지만, 가게 이름을 남의 글에서 따온다는 것 자체가 영 내키지가 않았다. 그러다 바로 이 이름이 떠올랐다. '언젠가 한번쯤은 당신이 이곳을 다시 찾을 것만 같아서 아직 까페 문을 닫지 않고 있습니다.'
이름이 너무 길어서 상호로서의 효율성이 떨어질 것 같다는 의견과 마땅히 줄여서 부를 만한 축약형 이름도 만들기 어렵다는 이유로 많은 사람들이 크게 지지해 주지 않았지만, 내게는 이보다 나은 커피숍 이름이 없을 거라는 생각이 들었다.

뭐 이런 문학적(?) 까페 이름이야 오래 전부터 머릿속을 굴러다녔던 것들이고, 당장 나중에 어떻게 바뀌게 될지 알 수 없는 일이지만, 아르헨티나와 브라질을 여행하면서는 좀 더 구체적인 그림이 그려지게 되었다. 까페는 더 이상 그 틈을 비집고 들어가기도 어렵겠다만, 곧 죽어도 외국인들이 많이 찾는 홍대나 이태원 쪽에 열어야만 하고, 'cafe BRARG'라는 이름을 간판에 걸고 싶어졌다. BRARG는 Brasil과 Argentina의 앞 세 글자를 따붙여 만든 것이고, 이 까페의 브런치 메뉴는 바로 브라질과 아르헨티나의 가장 대중적인 커피 브런치로 런칭하고 싶다. 브라질 브런치는 커피에 치즈빵이 될 것이고, 아르헨티나 브런치는 커피에 크루아상이 될 것이다. 특별한 게 없어 보인다고 느낄 수도 있겠지만, 브라질 특유의 치즈빵은 아침에 즐기기에 매우 담백하고 부담이 없어 충분히 주목받을 수 있을 것이고, 아르헨티나의 크루아상은 보통 크루아상과 다를 바 없지만, 메디아루나(medialuna;반달)라는 예쁘고, 독특한 이름 때문에 일부 고객들을 충분히 낚아 올릴 수 있을 거라고 생각한다.

우리의 삶이 언제 어떻게 변모할지 모르는 일이지만, 누가 되더라도 이 글에 등장하는 이름들을 까페 상호로 사용해 준다면 왠지 뿌듯하

고 기쁠 것 같다. 그러면 남철이와 나는 새로운 이름을 다시 찾아 봐
야 하겠지만, 우리는 충분히 더 훌륭한 이름을 만들어낼 수 있을 테
니 조금도 걱정할 게 없다. 다만 정말 훌륭한 커피를 만들어낼 수 있
을 것인지 의문스럽기는 하다.

이구아수에서의
러브 어페어

두 달간 브에노스 아이레스의 벨그라노 대학에서 스페인어를 배우고, 남미의 알프스라는 바릴로체에 갔다가, 우루과이 꼴로니아, 몬테비데오, 브라질의 상 파울루, 히우 지 자네이루를 다녀왔더니 계획했던 여행 경비가 거의 다 떨어져 버렸다. 일단 남미에만 오면 이곳저곳 다 싼 값에 돌아다닐 수 있을 거라고 생각했는데, 출혈은 예상보다 컸다. 이제 단 두 곳 정도의 여행지를 가볼 만한 금전적 여유가 있을 뿐이다. 나는 당연히 이구아수 폭포를 감상하고, 국경에 인접한 파라과이의 씨우다드 델 에스떼를 거쳐 수도 아쏜시온을 방문하고, 다시 브에노스 아이레스로 돌아올 계획을 세웠다. 이번에는 큰마음 먹고 일등석 버스표를 끊었다. 가격은 15만 원 정도로 그렇게 싼 편은 아니었지만, 2층 버스 맨 앞좌석에 앉아 180도 침대 시트에 누워 가면서 배고플 때마다 음식과 술, 음료 등을 제공 받을 수

있으니, 시간은 남아돌고, 항공권 값이 부담되는 나 같은 여행자에게 더 나은 선택이 있을 수 없다.

이구아수에서는 대학 친구 성훈이를 만나기로 했다. 성훈이는 대학을 졸업하고, 글로벌 기업 S의 브라질 법인에서 일하고 있었는데, 취업비자 발급 문제로 인해 국경이 있는 이구아수에 들르게 되어 있었다. 하루 정도만 함께 있을 수 있었지만, 오랜만에 대학 친구를, 그것도 생각지도 않았던 이구아수 폭포에서 만날 수 있다고 생각하니 기분이 좋았다. 나는 저렴한 호스텔에서 하루를 보내고 다음날 오전 공항으로 가 성훈이를 만났다. 백수와 다를 바 없는 여행자 신분에서 반듯하게 일하고 있는 직장인 친구를 만나니 왠지 뿌듯했다. 우리는 호텔에 짐을 푼 뒤 바로 이구아수 국립공원으로 향했다. 먼저 브라질 쪽의 이구아수 폭포부터 감상하기로 했다. 이구아수 폭포는 과연 장엄했다. 몇 년 전 보았던 나이아가라 폭포의 무자비한 모습이 왠지 귀엽게 느껴질 정도였다.

강력한 폭포의 물줄기에 위압되다가도 그 폭포수의 근원을 찾아 눈의 초점을 고정시키면 한 없이 평화로운 마음이 들기도 한다. 그러나 계속 그렇게 응시하고 있다가는 나도 몰래 어떤 보이지 않는 강력한 힘에 이끌려 폭포 안으로 빨려 들어가게 될 것 같아 애써 시선을 돌린다. 뭔가 범접할 수 없는 대자연 앞에서는 말로 설명하기 어려운 공포심이 들기도 하는 게 당연한 것 아닐까?

성훈이와 이구아수 폭포 여기저기를 둘러보았다. 엄청난 폭포수 앞에서 경탄하는 것도 한두 번이지 서른 먹은 남자 둘이서 하루 종일 걸으며 시간을 보내기에 이구아수 국립공원은 너무나 넓고 단조로웠다. 의도적으로 인위적인 구성이나 기술적인 첨가를 배제한 것인지도 모르겠지만, 시간이 지날수록 흥미가 떨어지는 것은 어찌할 수 없었다. 아마도 이구아수 폭포가 우리나라에 있었다면 더 많은 즐길거리들이 추가되었겠지만, 그로 인해 자연 자체가 지니는 매력을 저하시킬 수도 있었을 테니 어느 것이 더 나은 방향이라고 단정 짓기는 어려울 것이다. 하지만 분명히 처음 이구아수 폭포를 마주했을

때의 그 커다란 놀라움을 좀 더 이어주고, 좀 더 늘려줄 그런 장치들이 너무나 부족하게 느껴졌다는 게 솔직한 심정이다.

성훈이는 비자발급이 끝나 저녁 일찍 비행기를 타고, 다시 직장이 있는 브라질 북부로 날아갔고, 나는 쓸쓸히 남아 이구아수 마을, 포스 두 이구아수를 거닐었다. 중심가에 큰 쇼핑몰이 하나 있지만, 그 것을 제외하면 정말 웬만한 시골보다 훨씬 더 한적한 분위기의 아주 작은 마을이다. 걷다 보니 그럴 듯한 일식 레스토랑이 눈에 들어와 고민 없이 들어갔다. 우동을 하나 주문하고, 음식을 기다리고 있는데 문을 열고 아름다운 여성 두 명이 식당 안으로 들어온다. 예쁘다. 둘 다 예쁘다. 한 젓가락, 두 젓가락 맛있게 우동을 먹으면서도 나의 시선은 두 여인에게 향해 있다. 우동의 맛은 기억이 나는데, 그 우동이 어떻게 생겼고, 무슨 식재료들이 어떤 그릇에 담겨 있었는지는 조금도 생각이 나지 않는다. 천천히 그녀들이 저녁을 먹는 속도에 맞추어 나도 음식을 먹었다. 식사를 마치고 나니 괜히 긴장이 된다. 이미 나는 그녀들에게 말을 걸어 보기로 결정을 내렸기 때문이다. 둘 다 키가 175cm는 넘어 보였고, 모델처럼 훌륭한 몸매와 새하얗고 예쁜 얼굴을 가지고 있었다. 떨린다.

나의 포르투갈어 실력이 매우 하찮기 때문에 대화를 할 수 없을 거라는 생각이 들어 영어로 말을 걸 수밖에 없었다. 그런데 뭐 역시 영어는 통하지 않았다. 대부분의 남미 사람들이 영어를 잘 하지 못한다. 잘하는 사람들은 정말 잘하는데, 그 수가 극히 드물다. 그래도 브라질 사람들 중 스페인어를 이해하는 사람들은 어느 정도 있다는 걸 알고 있으니, 포르투갈어보다는 훨씬 나은 스페인어로 다시 말을 걸어본다. 어, 얘기가 통한다. "저어… 저는 한국에서 온 여행자인데요. 두 분이 너무 아름다우셔서 괜찮으시면 커피라도 한잔 같이 마시고 싶다는 생각이 들어서요. 아니면 맥주도 좋고요."

"아… 고맙습니다. 저희는 지금 볼링 치러 갈 건데요. 그럼 볼링장에서 같이 게임하면서 맥주 드시는 건 어떠세요?"

생각 외로 잘 진행이 되었다. 혹시 그녀들도 식당에서 혼자 밥을 먹고 있던 나를 어느 정도 의식하고 있었던 건 아닐까 기분 좋은 착각을 해본다. 맥주를 마시며 얘기해 보니 그녀들은 자매였고, 포스 두 이구아수에서 버스로 6시간 정도 걸리는 작은 마을에 살고 있었다. 자매 둘 다 예뻤지만, 나는 좀 더 육감적인 몸매를 지닌 동생 가비에게 자꾸 눈길이 갔다. 그녀들과 좋은 시간을 보낸 뒤, 호텔 앞까지 데려다 주었다.

"혹시 내일은 뭐하세요?"

"내일은 파라과이 쪽에 넘어가서 쇼핑을 좀 할 생각이에요."

"아, 저는 내일 오전에 아르헨티나 쪽 이구아수를 보고, 오후쯤 파라과이에 넘어가 볼 생각인데 혹시 동행하실 생각 없나요?"

"그래요. 그럼 우리 내일도 같이 놀아요. 내일 아침 9시까지 호텔 로비로 올 수 있어요?"

"네, 물론 그렇게 해야지요! 그럼 잘 자고, 내일 아침에 봐요."

231

모든 것이 잘 되었다. 그녀들에게 말을 걸지 않았다면, 나는 우동을 다 먹고, 늦지도 않은 시간에 호텔로 들어와 혼자 방에서 캔 맥주와 감자칩 따위를 먹으며 축구 아니면 포르노를 보면서 시간을 때우다 뒤척이며 잠들었을 게 뻔하다. 그렇지만 난 역사를 바꾸어 냈다. 용기를 내어 그녀들에게 말을 걸었고, 두 미녀와 함께 볼링을 치며, 맥주를 마셨다. 게다가 내일도 두 미녀와 이구아수 폭포를 감상하며, 치안이 그리 좋지 않다는 파라과이 씨우다드 델 에스떼까지 함께 가 줄 현지인 친구가 생긴 셈이다. 기분 좋다. 난 행복한 상상의 나래를 펴며 편안한 마음으로 푹 잠들 수 있었다.

아침이 밝아 그녀들이 묵고 있는 호텔 앞으로 갔다. 역시 브라질리 안답게 30분 가까이 늦어 주셨지만, 두 미녀가 나를 향해 함께 보내 주었던 미소만으로도 모든 것은 상쇄될 수 있었다. 우리는 함께 아르헨티나 이구아수 국립공원을 향했다. 두 여자 사이에서 데이트를 하게 되니 어떤 포지션을 취하기가 애매하고 어려웠다. 언니 그라지도, 동생 가비도 아름다웠지만, 성격이 사내아이처럼 털털한 그라지보다는 좀 더 차분하고 여성스러웠던 가비에게 점점 더 마음이 쏠려 갔다. 성훈이가 하루라도 더 같이 있을 수 있었다면 그라지와 성훈이를 이어주면서 완벽한 더블데이트를 할 수 있었을 텐데 혼자서 두 여자와 함께 시간을 보낸다는 것은 아무래도 능숙히 대응하기 쉽지 않은 일이다. 뭔가 손을 잡을 수도 없고, 로맨틱한 분위기에 빠져 들어도 입을 맞출 수가 없다. 그런데 이런 내 마음을 그라지가 알아챘는지 가끔씩 자리를 비워주는 일이 생겼다. 아니면 가비가 언니에게 부탁을 했던 건지도 모르겠다. 떨어지는 폭포수 앞에서 먼저 키스를 했던 건 내가 아닌 가비였으니. 이렇다면 나도 가만히 있을 수 없었다. 동생과 나를 위한 배려를 보내준 그라지와 먼저 용기를 내준 가비를 위해서라도 이 폭포수 같은 무드에 미친 듯이 휩쓸려 들어가야 한다.

우리는 겨우 몇 시간 만에 커플에 가까운 사이가 되어 있었다. 공원을 관람하는 내내 붙어 있었으며, 오후엔 파라과이에 가서 보통의 젊은 한 쌍처럼 함께 커피를 마시고, 쇼핑몰을 구경하며 즐거운 시간을 보냈다. 우리의 인연이 얼마나 지속될지는 모르겠지만, 남자와 여자로서 생기는 이 감정을 속이고 재단하고 제어하고 싶지 않았다. 그라지는 저녁 7시쯤 버스를 타고 그녀의 학교가 있는 마을로 돌아갔고, 가비의 버스시간은 밤 9시였다. 우리는 헤어져야한다는 사실이 아쉬워 서로의 손을 꼭 잡고 수많은 얘기를 했다. 그러다 그녀가 꽤 심각한 톤으로 한마디 말을 던졌다.
"다니엘, 같이 버스 타고 우리집에 갈래? 가서 며칠 여행할 생각 없어? 유명하고 큰 도시는 아니지만, 내가 사는 곳도 꽤 예쁘거든."
"아, 그래도 될까? 아직 서로를 잘 모르는데, 너무 이른 건 아닐까? 나도 같이 있고 싶어. 그런데 집에 같이 가는 게 정말 옳은 결정일지는 모르겠어."
"아무래도 좀 그렇지? 그래, 정말 그렇다. 게다가 내가 사는 곳은 진짜 작은 마을이라서 동네 사람들 사이에 소문이 빨라. 90% 이상이 독일계 백인인 우리 동네에선 네가 눈에 많이 띌 거야. 다음에 만날 것을 기약하는 게 낫겠다."

"그럼 내가 다음주 주말에 다시 이곳으로 올게. 파라과이로 건너가서 씨우다드 델 에스떼, 아쑨시온 여행을 마치는 대로 브에노스 아이레스로 돌아갔다가 다시 주말에 맞춰 이구아수로 돌아올게."

"정말 그렇게 할 수 있겠어? 비행기를 타든, 버스를 타든 돈이 꽤 많이 들 텐데."

"음… 그렇겠지만, 지금 돈 생각은 하고 싶지 않아. 빨리 일주일 지나서 널 다시 만나고 싶다는 생각밖에 들지 않아."

우리는 일주일 뒤에 다시 만나기로 약속을 하고 헤어졌다. 버스에 탄 그녀의 모습을, 그녀를 태운 버스가 사라지는 모습을 아주 오래오래 바라보고 있었다. 이게 옳은 일인가, 그른 일인가 같은 생각은 하지 않았다. 이런 예측 불가능한 해프닝들을 차단하면서까지 내 삶에 조바심을 내고 싶진 않았다. 아직 젊으니까. 가비는 집으로 돌아갔고, 나는 예정대로 씨우다드 델 에스떼를 거쳐 파라과이의 수도 아쑨시온으로 갔다. 이곳에서 보낸 사나흘의 시간은 길게만 느껴졌다. 이미 가비에게 많은 정을 쏟아 버린 나는 아쑨시온과 파라과이에게 정을 붙이기가 쉽지 않았다.

일주일이 지나 우리는 포수 두 이구아수의 버스 터미널에서 다시 만났다. 밤차를 탄 그녀는 새벽 여섯시에 도착했고, 우리는 만나자마

자 뜨거운 키스를 나눴다. 뭔가에 사로잡힌 듯 미친 사람처럼 키스를 했다. 남미에 온지 넉 달이 되면서 나에게도 자연스레 라틴의 피가 스며들었나보다. 우리는 전날 내가 하룻밤을 묵었던 호텔로 함께 갔다. 그런데… 그런데… 콘돔이 없었다. 분명히 지갑 속에 챙겨두었던 것 같은데, 항상 이런 식이다. 콘돔은 늘 중요한 순간에 우리를 외면한다. 생각해 보면 콘돔이라는 것 자체가 있으면 있는 대로 또 없으면 없는 대로 남자에게 짜증을 유발할 수밖에 없는, 슬픈 태생적 한계를 지닌 녀석인 거다. 너무 이른 아침이라 호텔 근처에 있는 약국도, 마트도 문을 열지 않았고, 편의점도 보이지 않았다. 나는 몹시 애처롭고, 간절한 표정을 담아 벨 보이에게 어디에서 콘돔을 구할 수 있는지 물었다. 그런데 말이 끝나기가 무섭게 이 훌륭한 친구가 콘돔을 하나 건네주는 게 아닌가? 고마워서 얼마라도 돈을 좀 주려고 했더니 밝게 웃으며 그저 콘돔을 잘 썼으면 좋겠다는 말만 남기고는 사라져 버렸다.

기분 좋게 방으로 들어오니 그녀는 이미 샤워를 마친 채 날 기다리고 있었다. 아름다운 여인이 깨끗이 몸을 씻고 오직 나만을 기다려주는 그 모습이 다른 무엇에 비교할 수 없을 만큼 좋았다.

오랜 연인이 많은 시간이 흘러 다시 만난 것 같은 기분으로 사랑을 나누었다. 스물한 살의 그녀는 뭐가 그리 부끄러운지 연신 미소를 지었다. 사실 섹스 그 자체가 만족스럽지는 않았다. 내색은 하지 않았지만, 아마 그녀에게도 그러했을 거다. 우리에게는 많은 신체적

차이가 있었고, 이 다름으로 인해 그녀를 더 많이 즐겁게 해주기는 어려웠다. 그리고 그 사실 때문에 나도 더 많이 즐거울 수는 없었던 것 같다. 하지만 우리는 우리에게 주어진 그 시간을 행복하게 함께 했다. 웃으며 사랑을 나누고, 같이 맛있는 음식을 먹고, 손잡고 거리를 거닐었으며, 저녁에는 보통 커플처럼 극장에 가서 영화를 보았다. 그리고 다시 헤어질 시간이 됐다.

우리 둘 중 누구도 그런 말을 꺼내진 않았지만, 다시는 서로의 얼굴을 볼 수 없을 거라는 생각을 했을 거다. 불과 열흘 전에는 존재 자체도 알지 못했던 지구 반대편의 한 사람을 만나, 이틀이라는 시간을 함께 보내며 애틋한 감정을 느끼고, 일주일이라는 시간 동안 그리워하고, 다시 하루를 함께 보내며 짧은 사랑을 나눌 수 있었다는 사실이 너무나 신비롭게 느껴졌다. 살다 보면 이런 일도 있을 수 있구나. 방문을 굳게 닫고 방안에만 머물러 있으면 도저히 일어날 수 없는 일들이, 방문을 열고, 문밖을 나서는 것만으로도 현실이 되니 이게 여행이 주는 매력이고, 인생이 주는 재미가 아닌가 생각이 들었다. 그 후에도 가비와 나는 몇 번쯤 전화 통화를 했다. 우리를 가로막는 언어적 제약 때문에 서로의 안부를 걱정하고, 서로의 미래를 축복하는, 마음속에 담긴 그 세세한 이야기들을 함께할 수는 없었다. 하지만 그 먹먹했던, 통화 속 짧은 침묵들로도 나의 마음이 전해졌을 거라고 믿는다.

이유는 모르겠지만 팻 메스니(Pat Metheny)의 'The Road to You'를 들으면 가비가 생각난다. 가비와 함께 들었던 음악도 아니고, 가비를 만나기 전에 알고 있었던 음악도 아니다. 그럼에도 이 음악이 내게 가비의 모습을 옮겨다 주는 것은, 어쩌면 그녀가 브라질 남부의 한 시골 마을에서 내가 살고 있는 이곳까지 알 수 없는 텔레파시를 통해 그 음악을 전송해 주었기 때문일지도 모른다.

파라과이가 아닌
빠라과이

우루과이에서도 느꼈던 것이지만, 겨우 사나흘 묵었던 나라에 대해서 이러쿵저러쿵 이야기를 늘어놓는 것은 어떻게 생각해도 조심스러운 일이다. 어떻게 보면 아직 가 보지 못한 나라에 대해 고정관념을 갖는 것보다 겨우 삼사일 정도 둘러본 경험만으로 뭔가 평가 비슷한 걸 내리는 게 훨씬 더 위험한 일이 아닐까 생각이 든다. 그런 관점에서 파라과이는 정말 어떤 말로도 수식하기가 어려운 나라이다.

파라과이를 파라과이라고 부르고, 파라과이라고 쓰는 것도 그다지 내키지가 않는다. 외래어 표기법에 따르면 분명히 파라과이가 맞지만, 내가 만난 파라과이 사람들 중 어느 누구도 파라과이를 파라과이라고 발음하지 않았단 말이다. 다들 빠라과이, 빠라구아이라고 하는데 그걸 파라과이라고 부르는 게 조금 거슬린다. 물론 모든 외국

239

어, 외래어를 원어 발음에 가깝게 쓸 수는 없겠지만, 첫 어두부터 '교'과 'ㅃ'으로 갈라지면서 전혀 다른 소리를 내게 되니 뭔가 불편해도 많이 불편한 느낌이다.

어쨌든 나는 파라과이의 두 도시 씨우다드 델 에스떼나 아쑨시온에게서 특별한 느낌을 받지 못했다. 파라과이의 곳곳은 왠지 모르게 어린 시절 목격한, 90년대 초의 구로공단이나 반월공단을 생각나게 했다. 파라과이도 우루과이만큼이나 남미여행 가이드북에서 철저히 외면 당하는 나라이지만, 내게는 방문 욕구를 치솟게 하는 단 하나의 장소가 있었으니 바로 아쑨시온에 자리하고 있는 남미축구연맹(CONMEBOL)이었다. 세계축구연맹(FIFA)과 유럽축구연맹(UEFA)은 스위스에, 아시아축구연맹(AFC)은 말레이시아에 있고, 남미축구연

맹은 파라과이에 있다. 그리고 그 안에는 남미 축구 박물관이 있다. 그러니 역시 축구를 좋아하는 사람이라면 한번 방문해볼 만한 곳이다.

그런데 막상 박물관에 들어가 보니 마치 폐쇄된 것처럼 가려져 있는 전시실이 많다. 직원에게 물어보니 일요일에만 전시실 전체를 개장하고, 그 외에는 트로피 등이 전시된 일부 공간만 공개한다는 것이었다. 애초에 위치만 알아보고 온 내 잘못이지만, 어차피 일요일에 올수 있는 사정이 안 되었으니 큰 아쉬움은 없었다. 각종 우승컵들과 대회 기록 등을 살펴보고 박물관을 나섰다. 오후에는 공원, 광장, 대통령궁, 성당 같은 명소를 둘러보면서 시간을 보냈고, 장엄한 이구아수 폭포를 보고 와서 그런 건지 파라과이의 무엇을 봐도 별다른 감흥이 일지 않는다. 날은 우중충하고, 사람들의 표정도 왠지 어두워 보이고, 길은 비좁은데다 조금 널찍하다 싶은 광장 같은 곳에는 부랑자들이 모여 있어 어디를 가도 즐거운 기분이 들지 않았다.

저녁이 되어 배는 고픈데, 마땅히 가 보고 싶은 식당도 보이지가 않아서 호텔 근처 옆 식당가의 제일 큰 레스토랑에 들어갔다. 사람들이 하나둘 모여 축구를 보고 있다. 그렇다. 지금은 아르헨티나에서 열리고 있는 코파 아메리카 대회 기간인 것이다. 이날 파라과이는 베네수엘라와 예선 시합을 벌이고 있었다. 우선 맥주 한 병에 스테이크를 주문하고 자리에 앉아 TV를 보았다.

경기가 너무나 재미있었다. 파라과이는 먼저 한 골을 내주었으나, 잇달아 골을 터뜨리며 경기를 3대1로 뒤집어 버렸다. 파라과이 사내들의 열기 때문에 식당 안이 뜨거워져 맥주를 더 마시지 않을 수 없었다. 재밌는 경기를 본 것보다 더 기분 좋았던 건, 스테이크를 먹고 맥주를 다섯 병이나 마셨는데 돈이 채 이만 원도 들지 않았다는 거다. 비록 파라과이는 후반 종료 직전 연속 실점하며 다 잡았던 승리의 기회를 날려 버렸지만, 와일드카드로 8강 진출에 성공했다. 게다가 8강에서는 브라질을 꺾었고, 준우승이라는 훌륭한 최종성적까지 거두었다.

파라과이 대표팀은 파죽지세로 선전하였으나, 나는 때때로 우울한 기분에 사로잡혔다. 가비 생각 때문인 것 같기도 하고, 점점 바닥을

드러내려고 하는 계좌 잔액 때문인 것도 같았다. 빨리 브에노스 아이레스 집으로 돌아가고 싶은 마음만 커져 계획했던 것보다 하루 일정을 줄여 버스 티켓을 끊었다. 한 가지 짜증났던 건 아쑨시온-브에노스 아이레스 노선에는 1, 2등급의 침대 버스가 없었다는 거다. 20시간이나 가야 하는 먼 길인데 일반 버스보다 조금 나은 수준인 3등급 버스를 타야 한다는 사실이 너무나 버겁게 느껴졌다. 그래도 이렇게 고통스런 하루를 보내면 가비를 만날 날이 그만큼 가까워 온다는 생각에 그럭저럭 위안이 되었던 것 같다. 그녀를 떠올리니 짧았던 파라과이와의 조우가 정말이지 조금도 아쉽지 않았다.

라틴미녀 감상법

여행을 하면서 가끔 인터넷이나 전화로 한국에 있는 친구들과 얘기를 하는데, 역시 사내아이들의 질문은 소나무처럼 한결같다.

"남미 여자애들 예뻐?"

"남미 애들이랑 해봤어?"

"아르헨티나에서 축구 봤어?"

"아르헨티나에서 메시 인기는 어느 정도야?"

역시 남자란 여자, 섹스 그리고 축구가 아니면 궁금한 것도, 굳이 묻고 싶은 것도 없는 무척이나 순수하고 귀여운 종자들이다. 하지만 뭐 여자들도 그들만의 대화 속에서 남자와 섹스에 대해 얘기하지 않는 건 아니니까 남녀를 떠나 사람이라면 보통 궁금증을 느끼는 대상에 큰 차이가 있는 것 같지는 않다. 차이가 있다면 남자들은 축구나 야구 같은 공놀이 따위로도 열띤 토론의 장을 펼칠 수 있다는 것, 여

자들은 쇼핑이나 패션, 미용 같은 것들을 주제로 밤새 대화를 지속
할 수 있다는 것 정도가 아닐까?

그런 거야 뭐 어찌 됐든, 친구 녀석들의 질문을 듣다 보면 아직도 한
국의 많은 사람들이 남미 사람들의 인종적인 특징에 대해 잘 모르고
있는 것 같다는 생각이 든다. 어떻게 보면 아주 쉽게 이해가 가는 부

분이기도 하다. 남미하면 브라질, 브라질하면 축구… 이런 식의 사고 전개가 가능한 한국 남자라면 당연히 호나우두, 히바우두, 호나우지뉴, 호비뉴, 다니엘 알베스 등의 구릿빛 혹은 초콜릿색 피부가 남미 사람들을 대표하는 것으로 잘못 인식할 수도 있다. 그러니 사내들은 남미 여자들의 구릿빛 피부가 정말 그렇게 매끄러웠는지, 초콜릿처럼 달콤했는지 내게 호기심을 표할 수밖에 없었던 거다.

그런데 브라질을 대표하는 풋볼러들 중에는 카카나 다비드 루이스, 줄리우 세자르 같은 유럽계 백인들도 꽤 있고, 아르헨티나만 해도 메시, 이구아인, 에인세, 호나스 구티에레스, 콜로치니 같은 백인 선수들이 수두룩하다. 생각해 보면 남미에 꽤 많은 백인이 있다는 얘기가 된다. 라틴 미녀들도 피부색에 있어서 크게 다를 바가 없다. 아르헨티나, 우루과이 같은 나라들은 인구의 90% 이상이 백인이다 보니 미디어에서 노출되는 미녀들 역시 거의 다 백인이다. 칠레, 브라질만 해도 백인의 인구 비율이 훨씬 더 높고, 파라과이나 볼리비아, 페루, 콜롬비아 같은 나라들은 인디오의 혼혈이 많아서 좀 더 짙은 피부색을 가진 사람들이 많지만, 아무래도 백옥 같은 피부를 가진 미녀를 선호하는 사내들이 많은 듯하다.

내 눈길을 사로잡은 미녀들 역시 거의 그러했다. 가끔 피부의 색감만으로도 어떤 탄력 같은 게 느껴져 손이나 입술을 통해 그 실체를 확인하고 싶어지는 캐러멜 미녀들이 눈에 들어올 때도 있었지만, 대개는 하얀 피부를 가졌음에도 뭔가 북미나 유럽의 미녀들과 다른 분위기의 아름다움이 느껴지는 그런 미녀들에게 더 쉬이 눈이 갔다. 그렇게 남미의 미녀들을 두 눈에 담고, 상상의 나래를 펴는 것만으로 내 삶에 작은 위안과 즐거움이 되었다. 보통 미녀를 볼 수 있는 곳은 정해져 있다. 사람들이 많은 곳에 가야 미녀들을 만날 확률이 높아지는 것인지, 미녀들이 있는 곳이라면 어떻게든 많은 사람들이

모이게 되는 것인지는 모르겠다만, 클럽이나 콘서트홀, 백화점, 박람회장 같은 곳엔 늘 미녀들이 제과점의 갓 구운 빵들처럼 나를 반겨주었다.

그중에서도 집에서 가까운 곳에 위치한 컨벤션센터를 가끔씩 미녀 감상의 장소로 활용하곤 했다. 콘서트홀은 공연을 즐기는 것이 최우선의 목적이어야 하고, 클럽은 정글이나 전쟁터 같아서 목숨을 건 경쟁자가 너무나도 많다. 직접 그 전쟁에 뛰어들지 않는 이상 시끄러운 음악과 어지러운 조명 탓에 미녀 본연의 모습을 관람하는 데엔 효율성이 떨어진다. 백화점 역시 큰 단점이 있다. 간혹 가다 미녀 종업원들이 보일 때도 있지만, 한 달에 두어 번 방문한다고 해도 그때 그 종업원이 여전히 가게를 지키고 있을 때가 많으니 뭔가 신선한 제철 과일을 처음 맛볼 때와 같은 벅찬 감동이 생기지 않는다.

그러니 내게는 컨벤션센터가 미녀를 감상하는 최적의 장소라는 생각이 든다. 모터쇼나 북 페어, 전자제품 박람회 같은 각기 다른 행사가 열릴 때마다 새로운 미녀들을 만날 수 있었고, 관심이 가는 제품이나 일정에 대해 물으며 자연스럽게 대화를 진행해 갈 수도 있었으니까. 이야기의 흐름이 편안하고 유쾌해진다면, "모터쇼 어디에서도 당신보다 아름다운 차를 찾기 어렵네요." "여기 있는 어떤 책들보다 당신이 더 궁금한데, 어떻게 해야 읽어 볼 수 있을까요?" 같은 우습지도 않은 조크를 던져 보기도 했다. 그러다 대화에 흥미를 느낀 라틴 여신님들께서 나 같은 사람과 친구로 지내고 싶다는 얘기라도 하사해 주실 때면 들뜬 마음으로 SNS나 전화번호를 교환하곤 했다. 물론 이런 일이 흔하지는 않았지만, 그렇게 드문 것도 아니어서 아르헨티나와 브라질에서 이런 식으로 다섯 명 쯤의 미녀와 친구가 될 수 있었다. 그 후로 내게 어떤 드라마틱한 전개가 펼쳐진 적은 없었지만, 여러분에게는 전혀 다른 시나리오로 각색되어질지 누가 알겠는가? 종이와 펜만 주어진다면 글이야 뭐 어떻게든 써내려갈 수 있는 것이니 말이다.

249

보까에서의 마지막 하루

계획했던 모든 여행을 마치고 이제 이틀만 지나면 다시 유럽을 거쳐 한국으로 돌아간다. 나는 브에노스 아이레스의 여러 지역을 돌아봤지만, 라 보까 지구만큼은 제대로 즐겨 보지 못했다. 축구장 라 봄보네라에 가보기도 했고, 장거리 버스를 탈 때마다 보까의 빈민촌을 지나기는 했으나, 여유롭게 시간을 갖고 사진을 찍으며 구경을 해보지는 못했다. 홈스테이 할아버지, 할머니를 비롯해 많은 아르헨티나 친구들이 혼자 가지 말라는 얘기를 해줬고, 언젠가는 갈 일이 있겠지 하는 생각으로 방문 욕구가 좀처럼 생기지 않았기 때문이다. 하지만 이제 더 이상 아르헨티나에 머물 수도 없는데, 오늘은 꼭 보까에 가 보고 싶었다. 하지만 떨어지는 낙엽도 조심해야 하는 말년 병장의 심리적 동요처럼 나와 동행해 줄 누군가가 필요하다는 생각은 머릿속을 떠나지 않았다. 이럴 때 나에겐 데이가 있었다. 생색낼 건 아니지만, 난 데이에게 한국음식도 몇 번이나 사준 적이 있으니 이 정도의 도움은 요청해도 무리가 없겠다 싶었다.

데이에게 얘기해 보니 그녀 역시 보까를 다시 찾을 생각이었다고 한다. 보까에서 찍은 사진들이 담긴 카메라를 얼마 전 지하철에서 소매치기 당했다는 거다. 나는 지난 5개월간 남미에서 어떤 사건, 사고에도 휘말리지 않았는데, 데이는 나한테 얘기한 것만 해도 서너 번은 되는 것 같다. 내게 있어 아르헨티나는 한국보다 위험하기는 해도 미국보다는 안전한 곳인데, 데이에게는 그렇지 않나 보다. 데이와 약속 시간을 정하고 그녀가 살고 있는 산 뗄모로 갔다. 산 뗄모엔 분위기 좋은 까페들이 많고, 버스를 한 번만 타면 보까의 까미니또 거리까지 편하게 갈 수 있기 때문에 굳이 다른 곳에서 만날 이유가 없었다.

'보까' 하면 떠오르는 이미지는 형형색색의 주택들이다. 축구팀 보까 주니오르스의 컬러이기도 한 파란색과 노란색을 비롯해 갖가지 원색들로 칠해진 집들이 늘어서 있다. 오래 전, 형편이 넉넉하지 않은 사람들이 항구 주위에 버려져 있던 남은 페인트들을 가져다가 그때그때 집을 색칠했다고 한다. 그래서 같은 집이라고 해도 색깔이 통일되지 않고 이 색 저 색이 뒤섞여 참으로 부조화스러운 조화를 이루게 된 것이다. 보까의 중심지인 까미니또 거리에는 크고 작은 갤러리들이 몇 개 있고, 까페, 레스토랑, 기념품 가게들이 긴 대열을

이루며 각각의 색깔을 뽐내고 있다.

까미니또 거리의 끝자락부터는 마치 공기가 바뀌듯이 낡은 빈민촌과 지저분한 모양새의 사람들이 눈에 띈다. 이곳이 정말 위험한 곳인지, 이곳에서 살고 있는 저 많은 사람들이 정말 위험한 사람들인지 나는 알 수 없다. 하지만 왜 많은 친구들이 그런 얘기를 했는지 조금은 이해할 수 있을 것 같았다. 잠시 살펴본 것만으로는 위험하다는 느낌을 받지 못했지만, 뭔가 사진을 찍어도 특별히 멋진 그림이 나올 것 같지 않은 낡은 집들과 어두운 빛깔의 거리, 생기 없는 사람들의 표정만이 눈에 들어왔다. 데이와 얘기해 보니, 그녀 역시 이곳에 올 때마다 비슷한 느낌을 받았다면서 까미니또를 넘어 보까 깊숙이 들어가 본 적은 없다고 했다. 우리는 그냥 야외 까페에서 따뜻한 차를 마시면서 땅고를 추는 댄서들을 바라보았다. 별 생각 없이 사진을 찍었는데, 여자 댄서가 돈을 달라고 한다. 그렇게까지 하면서 사진을 찍고 싶은 마음은 없었지만, 아무런 동의 없이 그들의 모습을 카메라에 담은 것이 예의에 어긋나는 행동이었다는 생각이 들어 몇 뻬소를 지불하고 다시 사진을 찍었다. 그러자 여자 댄서는 몇 가지 땅고 포즈를 가르쳐주면서 기꺼이 피사체가 되어 주었다. 일단 돈을 받기만 하면, 투철한 서비스 정신이 솟아오르나 보다.

오후가 되어 날씨가 제법 쌀쌀해졌고, 보까의 거의 모든 것을 눈과 마음과 카메라에 담았다고 생각한 나는 데이와 함께 산 뗄모로 돌아갔다. 데이가 좋아하는 식당이라는 페루 레스토랑에 가서 함께 저녁

CENTRO DE
EXPOSICIONES
Entrada Libre

EMPANADAS
EL ATELIER
Hay

을 먹고, 작별 인사를 했다. 데이는 나의 브에노스 아이레스 체류 기간 동안 좋은 친구가 되어 주었다. 우리는 성격이 비슷한 것도 아니고, 둘 다 말수가 적은 편이라 그리 많은 대화를 나눈 것도 아니었지만, 그래도 함께 있는 동안은 그럭저럭 괜찮은 관계를 유지했다고 생각한다. 그녀가 공부하고, 연구하는 많은 것들이 뜻대로 잘 이루어지기를 바랐다.

너무 늦지 않게 집에 돌아온 나는 하나둘 짐을 싸기 시작했다. 아직 하루라는 시간이 더 남아 있었지만, 모든 여행이 끝났다고 생각하니 내 마음의 시계는 이미 한국에서 움직이고 있었다. 사실 이구아수에서 만난 친구 성훈이는 브라질에서 함께 일해 보자는 제의를 했다. 하지만 나는 아직 어떤 답을 주어야 할지 마음의 결정을 내리지 못했다. 5개월 동안 낯선 사람들과 낯선 언어로, 낯선 마음을 섞으면서 꽤 많이 지쳐 있었기 때문이다. 곧 답을 주어야 할 것이고, 그에 따른 다른 답을 들어야 하겠지만, 지금 생각할 일은 아닌 것 같다.

버릴 건 버리고, 챙길 건 챙겼다. 종이 같은 걸 모으는 것에 취미가 있지는 않아서 내가 갔던 박물관, 미술관, 공연, 영화, 축구, 버스 티켓, 항공권 따위의 것들은 모두 버렸다. 그때 내가 가졌던 감정들, 나와 함께 했던 사람들과의 기억만 쓰레기통에 넣지 않으면 된다고 생각하니까 정리가 한결 편했다. 짐을 다 싸고 난 뒤, 늦은 밤 주방에 들어가 냉장고 문을 열었다. 배가 고프지는 않았다. 목이 조

금 말랐을 뿐. 세사르 할아버지, 일다 할머니가 마시고 남은 와인
한 병이 있었다. 한 잔을 따라 마셨다. 처음이었다. 와인이 맛있다
고 느낀 건.

check - out

글쎄 나는 이 여행을 통해 무언가 특별한 것을 얻었다고 생각하지 않는다. 그냥 여행을 한 것이고, 조금 더 멀리, 조금 더 오래 떠나 있었던 것뿐이다. 얻은 게 있다면, 스페인어와 포르투갈어를 조금이라도 더 말할 수 있게 된 것, 오십 명 쯤 페이스북 친구가 더 생긴 것, 하얀 피부를 가진 몇 명의 여자들과 잠자리를 함께한 것 정도일 거다. 근본적으로 여행은 쇼핑의 일종에 불과한 것이며, 여행을 통해 특별하고 의미 있는 경험을 한다고 해도, 돈을 주고 그 경험을 사는 행위의 본질에서 자유로울 수는 없다고 본다. 그러니 일부 배낭여행자들이 하루 평균 몇 달러의 돈으로 남미를 여행했다고 자랑스럽게 얘기하는 것도 솔직히 매우 우습고 고깝게 느껴진다.

남미라고 지칭하는 것이 틀린 것은 아니지만, 결과적으로는 아르헨티나, 우루과이, 브라질, 파라과이 이렇게 네 나라를 여행한 것이 전부인데다. 150일 여의 남미 체류기간 중 83% 이상을 아르헨티나에서 보냈고, 130일 여의 아르헨티나 체류기간 중 94% 이상을 브에노스 아이레스에서 보냈으니, 이 책을 통해 운운한 남미 어쩌고 하는 이야기들의 상당 부분이 신뢰성을 확보하기 어려울 수도 있다고 생각한다. 그런 이유로 곳곳에 부족한 면면이 자리하고 있음을 인정하지 않을 수 없다. 하지만 일부러 거짓을 기록하지는 않았다. 프라이버시 침해가 우려되는 내용에 한해서는 등장인물의 이름을 가명 처리하였으며, 스페인어, 포르투갈어의 경우 최대한 외래어 표기법을 지키면서 원어 발음에 가깝게 적으려 애썼음을 얘기하고 싶다.

동양인 여자는 어디서나 사랑받기 쉽다. 하지만 동양인 남자가 사랑받을 수 있는 대륙과 나라는 흔하지 않은 것이 사실이다. 이것이 당신이 남미를 향해 떠나야 하는 강력한 이유가 되어줄 것이다.
남미의 미녀들은 그들이 가진 미모를 무기로 우리 같은 동양 남자들을 냉대하지 않는다. 엘리베이터에서, 미술관에서, 커피숍에서 혹은 시장이나 마트에서 우연히 마주치게 되는 어여쁜 그녀에게 말을 건네 보자. "정말 아름다우세요."라고. 훌륭한 그림을 보았을 때, 멋진 풍경을 보았을 때처럼 그 아름다움을 꺼내어 얘기해 보자. 100이면 97은 우리의 말에 미소를 보내줄 것이다. 함께 커피를 마시고 싶다는 말이나 잠깐 얘기를 나누고 싶다는 말 같은 걸 덧붙일 필요도 없다. 어떤 진심이 느껴진다면, 자연스러운 분위기 속에서 서로를 읽어 갈 수 있는 그런 기회들이 하나둘 주어질 테니까.

물론 남미가 가진 매력이 아름다운 여성들에 국한되는 건 아니다. 남미에는 축구가 있다. 펠레와 마라도나, 그리고 호나우두와 메시를 전세계에 선물해준 건 다름 아닌 남미의 축구다. 남미에서 축구는 그냥 스포츠가 아니다. 내가 살고 있는 나라와 도시의 자존심, 곧 '나'의 자존심이며, 뼈 빠지게 일하며 돈을 버는 이유, 인생의 스트레스들을 버텨내는 힘이 되기도 한다. 할아버지와 손자를 친구로 만들어 주기도 하고, 난생 처음 본 두 사람이 함께 맥주잔을 기울이며 몇 시간을 떠들어도 어색하지 않은 그런 분위기를 선사해 주기도 한다. 축구를 좋아하는 여행자는 어딜 가든 조금 더 쉽게 친구를 사귈 수 있을 것이고, 맥주 한 병, 데킬라 한 잔쯤 얻어 마시는 건 그리 특별한 해프닝 축에도 끼지 못할 거다.

여자와 축구, 그 다음으로 꼽을 수 있는 것은 와인을 비롯한 남미의 여러 술들과 흥겨운 라틴 음악과 춤, 그리고 이 모든 것을 동시에 즐길 수 있는 파티와 클럽이 될 것이다. 그런 남미와 남미 사람들이 가진 매력이 다소 지겨워질 때쯤 관광 명소에 눈을 돌려 보자. 많은 이견이 있겠지만, 내 생각엔 각각의 명소를 돌아보는 것은 여행 일정 중 겨우 2~3일 정도의 시간만 할애해도 충분한 일이다. 어린 시절부터 책과 TV에서 봐 왔던 그곳들을 직접 대면하는 순간은 분명 경이롭고 감동적이겠지만, 그 기억이 얼마나 오래 생생히 지속되겠는가? 십 년이 지나고, 이십 년이 지났을 때 이구아수 폭포 앞에서 찍은 사진 한 장이 뭔가를 말해 줄 수 있다고 생각하지 않는다. 엄청난 소리를 내며 쏟아지던 그 폭포수들이 영상으로 변환되어 머릿속에 재생되지는 않을 테니. 내게는 아름다운 한 여자를 만났던 포스 두 이구아수 마을의 특색 없는 일본 식당이 더 선명히 떠오를 것 같다. 그런데 그녀에게도 이구아수 폭포가 나를 떠오르게 하는 매개체일까? 뭐 그럴 수도 있을 테고, 그렇지 않을 수도 있겠지만, 쉬이 내가 떠오르지 않는다면 조금 서운한 마음이 들 것 같기는 하다.

하지만… 같은 상황을 공유했다고 하더라도 기억의 무게는 저마다 다른 것이니, 그 기억들을 기억해 내는 것까지 내가 끼어들 수는 없겠지. 나부터도 수많은 기억들을 잊어버리고, 애써 지워내고, 마음대로 바꾸어 왜곡하기까지 하면서 겨우겨우 현재를 살고 있으니까.

대개 우리는 뭔가를 기억하기 위해 글을 쓰지만, 기억에서 자유로워지기 위해서도 글을 쓴다. 남미에 대한 나의 기억들은 이제 하나의 기록으로 남게 되었으니, 하나둘 잊고, 털어내도 좋을 것 같다.

남미, 남미에서 만났던 사람들 그리고 남미에서 그리워했던 모든 것들을 이 한 권의 책 속에다 옮겨 놓고, 나는 다른 길을 떠날 것이다.

글쎄 이별 후에 더 큰 고통을 느끼는 쪽은 아무래도 좀 더 많은 기억을 가지고 있는 사람일 것이다. 그 기억들을 완전히 덮어줄 만한 새로운 기억들이 조금씩 쌓여간다면 아픔도 자연스레 사라지지 않을까? 그렇다면 우리는 여행이라는 쇼핑을 통해 기억을 구입하고, 아마도 그 기억을 고통을 지우는 데 사용하는 것인지도 모른다.

이야기가 되지 못한 사진들

책 속에는 브라질 마나우스(아마존강이 관통하여 흐르는 브라질 북서부의 무역도시)에서의 에피소드들이 담겨 있지 않다. 따로 이야기를 구성할 만한 일들이 많지 않았기 때문이다. 물론 마나우스에 머무는 동안 아마존강을 그냥 지나칠 수는 없어서 몇 번이나 가보았지만, 단 한 번도 특별한 느낌을 받지 못했다. 보통 관광객들이 이용할 수 있는 아마존강 투어 코스는 어렸을 때부터 갖고 있던 아마존에 대한 환상 같은 것들을 채워주지 못한다. 하지만 이 한 장의 사진을 건질 수 있었다는 건 그런대로 기쁜 일이었다. 강과 하늘 사이에 멈춰 늘어선 보트들의 모습에서 어떤 평화로움 같은 걸 느낄 수 있었다.

아르헨티나 브에노스 아이레스에 위치한 대통령궁 까사 로사다(Casa Rosada). '분홍색 집'이라는 뜻을 가지고 있지만, 여러모로 빛이 바래 분홍색처럼 보이지 않을 때가 더 많은 것 같다. 많은 아르헨티나 사람들이 높은 세율 등의 문제로 괴로워하는 것을 보았다(다소 과장이 있겠지만, 홈스테이 세사르 할아버지는 이것저것 다해 소득의 50% 정도를 세금으로 낸다고 말씀하신 적이 있다). 세금은 그렇게 많이 걷는데, 맨발로 거리를 걷는 아이들의 수는 여전히 줄어들지 않는다. 나는 무료로 관광객을 입장시키는 까사 로사다부터 운영 방식을 바꿔야 한다는 생각을 했다. 아르헨티나 정부가 외국인을 대상으로 3~5 뻬소(한화로 1,000원에서 1,500원) 정도의 입장료라도 받아 거리의 아이들을 돌보는 데 그 돈을 써 주었으면 좋겠다. 정말 부탁하고 싶다.

로사리오에서 4시간 넘게 버스를 타고 브에노스 아이레스에서 원정 응원을 온 뉴웰스 올드보이스의 서포터들. 거의 모든 관중들이 일어선 채로 두 시간 가까이 공의 움직임을 주시하고 있다. 간혹 여성 관중이 보이기도 하지만, 역시 90% 이상은 사내들이었다. 주말에 열리는 축구 한 경기를 고대하며 한 주를 버티는 사람들. 이런 삶을 이해하지 못하는 사람들도 많이 있겠지만, 각박한 삶 속에서 자신을 위로해 줄 대상이 하나라도 있다면 그런대로 괜찮은 것 아닐까? 그것이 그저 공놀이에 불과한 것이라고 해도, 15년이나 잉글랜드 프로축구팀 리버풀 FC를 이끌었던 스코틀랜드의 빌 샹클리 감독은 이런 말을 남기기도 했다. "어떤 사람들은 축구가 삶과 죽음이 걸려 있는 문제라고 생각합니다. 하지만 저는 그런 태도가 너무 실망스럽습니다. 왜냐하면 축구는 삶과 죽음보다 훨씬 더 중요한 일이니까요."

아르헨티나를 상징하는 것들 중에 가장 많은 사람들이 첫 손에 꼽는 것은 아마 땅고일 것이다(두 번째는 메시 혹은 마라도나일까?). 하지만 아르헨티나 어디에서나 땅고 음악을 들을 수 있다거나 땅고 춤을 볼 수 있는 것은 아니다. 당연히(?) 그곳에서도 대부분의 젊은이들은 힙합이나 모던락 같은 미국이나 영국의 주류 팝 음악들을 더 많이 듣는다. 하지만 거리를 지나는 수많은 사람들을 멈춰 서게 하는 것은 비욘세나 마룬 파이브의 음악 같은 게 아니다. 바로 땅고다. 외국인 관광객이건 현지에 살고 있는 시민이건 땅고 춤을 추는 남과 여를 보면 그 자리를 그냥 스쳐가긴 어려운 것이다. 거리에서 땅고를 마주했을 때 카메라가 필요한 사람은 외국인, 필요하지 않은 사람은 아르헨티나인이 아닐까 생각한다.

거리에서 지나친 애정행각을 벌이는 젊은 커플들만 ㄹ틴의 남녀인 것은 아니다. 남미 어디에서도 손을 꼭 잡고 함께 길을 걷는 노년의 커플들을 쉽게 만날 수 있다. 나에게 어떤 환상을 심어주는 것은 바로 사진에 담긴 이런 한 쌍이다. 저 할아버지, 할머니도 젊었을 때엔 여느 커플처럼 불같은 사랑을 나눴을지 모른다. 예전엔 젊은 시절의 사랑과 노년기의 사랑을 한데 이어 생각하는 것이 낯설기만 했다. 하지만 요즘엔 그런 생각이 든다. 미치도록 뜨겁게 에로스적인 사랑을 공유했던 젊은 남녀가 중년, 노년에 이르러서도 좋은 친구, 인생의 동반자가 될 수 있는 게 아닐까?

이야기가 되지 못한 음악들

Argentina

Carlos Gardel — Por Una Cabeza (1935)

Mercedes Sousa — Gracias a La Vida (1971)

Astor Piazzolla — Libertango (1974)

Ricardo Montaner — Castillo Azul (1992)

Alejandro Lerner — Amarte Asi (2000)

Reiband — Silver Mule (2010)

Brasil

Joao Gilberto — Desafinado (1959)

Antonio Carlos Jobim — Wave (1967)

Rita Lee — Baila Comigo (1980)

Djavan — Eu Te Devoro (1998)

Jorge Vercillo — Monalisa (2003)

Seu Jorge — Burguesinha (2007)

Uruguay

Ruben Rada — Cha Cha Muchacha (2000)

Paraguay

Rolando Chaparro — Espinas del Alma (2003)

266

Gracias 고맙습니다

마지막 지면을 통해 다음 분들에게 감사의 말씀을 전합니다.

두서없는 글과 사진을 한 권의 책으로 만들어 주신 맛있는책 관계자 여러분 모두 고생 많이 하셨습니다.

세상 어디에도 없는 착한 남자 김현욱님, 세상에서 제일 귀여운 아줌마 기경자님, 사랑과 집착의 화신 김요셉님, 스무 살 내게 구지욕 (求知慾)과 고지욕(告知慾)을 가르쳐주신 김창옥님, 그리고 나의 사랑하는 가족 모두에게 고맙다는 인사 전합니다.

인하대학교 영어영문학과 교수 박혜영님, 유영종님. 여기 쓰인 글들은 대개 두 분의 가르침과 동떨어진 성격의 것들이지만, 어떻게든 꼭 한 번은 감사하다는 말씀 드리고 싶었습니다.

내 오랜 친구, 영혼의 단짝 김남철님, 항상 도움이 되어주는 듬직한 김형위님, 새로운 기회를 열어주었건 김성훈님과 그의 러블리한 아내 이은희님, 짧은 시간에 술로 쌓은 우정 김동희님, 멀리 있어도 가까운 친구 노효빈님, 길든 짧든 4가국에서 함께 생활한 동반자 임채우님, 내 인생에 유일한 '엄친아' 동생 최주호님, 가장 뜨거운 시절을 가장 가까이서 함께 보낸 친구 권혁주님, 누구에게든 자랑할 수 있

267

는 교과서적 보컬리스트 김남준님, 언제 봐도 유쾌한 밴쿠버 동거남 조창현님, 떠올리면 즐거운 캐나다 형제 양용모님, 언제든 다시 만날 수 있다고 생각하는 친구 홍창기님, 최정우님, 임규식님, 이효진님, 김영수님, 다시 만날 수 없다고 생각되는 친구 전홍석님, 성민욱님, 김태경님 그리고 음식은 앞니가 아니라 어금니로 씹는 것임을 가르쳐준 이윤혜님께 고마움을 표현하고 싶습니다.

앞으로도 드문드문 오래도록 멘토로 삼고 싶은 보스 양준철님, 직장에서 만났음에도 형처럼 따뜻하게 대해주셨던 김태현님, 김광훈님, 백우영님, 강순호님 모두 감사합니다.

브라질 친구들 Orlando님, Neuzimar님, Danielle님, Naira님, Jaime님, Jaqueline님, Mykaella님, Eduardo님, Feijo님, Luciana님, William님, Willyam님, Philip님, Gabriel님, Graziella님, Gabiella님, Muito Obrigado por tudo!

아르헨티나 친구들 Cesar님, Hilda님, Guillermo님, Veronica님, Hernan님, Jimena님, Wanda님, Ludmila님, Flor님, Rosana님, Leila님, Camila님, Muchas Gracias por todo!

담고 싶은 음악, 닮고 싶은 남자 윤상님, 위대한 소설가인지는 모르겠으나 확실히 위대한 수필가이기는 한 무라카미 하루키님, 축구와 음악, 섹스에 관한 에세이들로 내게 많은 영감을 준 닉 혼비님, 요즘 어떻게 지내고 계시는지 너무도 궁금한 스승 주성치님, 영원한 나의 영웅, 판타지스타 안정환님께도 감사의 마음을 전합니다.